VINAGRE DE MAÇÃ
UMA RECEITA DE VIDA

G. P. BOUTARD

VINAGRE DE MAÇÃ
UMA RECEITA DE VIDA

Prevenindo e combatendo doenças
com um poderoso remédio natural

Tradução de
Clarice Bonucci Dorea

EDITORA
Claridade

Copyright © 2001 by G. P. Boutard
Título original: Le Miracle du Vinaigre

© 2001 (da edição brasileira) – Editora Claridade Ltda

Todos os direitos da edição brasileira reservados para:
Editora Claridade
Rua Dionísio da Costa, 153
04117-110 – São Paulo - SP
Fone/fax (11) 5575-1809
E-mail: claridade@claridade.com.br
Site: www.claridade.com.br

Preparação de originais Rubens Nascimento

Revisão Renata M. A. de Melo

Editoração eletrônica GAPP design

Capa Antonio Kehl

ISBN 85-88386-03-8

DADOS PARA CATALOGAÇÃO

G. P. Boutard

Vinagre de maçã – Uma Receita de vida –
Prevenindo e combatendo doenças com um poderoso remédio natural / Editora Claridade, São Paulo, 2001
96 p.   14 x 21 cm.
1. Medicina popular. 2. Vinagre – uso terapêutico

CDD 616

SUMÁRIO

Parte 1
Vinagre de Maçã: Esse companheiro diário — 9
  Introdução — 11
  Advertência ao leitor — 13
  Um pouco de história — 14
  O que é o vinagre? — 17
  A maçã e o potássio — 19
  Betacaroteno: O inimigo dos radicais livres — 22
  O boro: Outro companheiro fundamental — 24
  Ácido acético: Fortalecendo o sistema imunológico — 26
  As propriedades terapêuticas do vinagre de maçã — 27
  Tônico da vida longa:
    Preservando a saúde e mantendo a disposição — 29
  Alimentação sadia e exercícios:
    Estes são os segredos da vida — 32
  Eliminando toxinas e purificando o corpo — 35
  Vinagre de maçã e bactérias nocivas — 37
  Jejuando com sucos e caldos — 39
  Por que beber água destilada? — 44
  Saiba como escolher o vinagre de maçã — 46
  Os vinagres adicionados de ervas finas — 47

Parte 2
Tratando males e distúrbios — 51
- Acne (consulte também Rejuvenescimento facial) — 53
- Acidez estomacal (veja Azia) — 55
- Afta — 55
- Alzheimer, Mal de (Prevenção) — 56
- Amigdalite (veja Garganta, Inflamação da) — 57
- Anemia — 57
- Artrite — 58
- Asma — 61
- Assaduras — 62
- Axilas (odores) — 62
- Azia (veja Má-digestão) — 63
- Bexiga, Infecção da — 63
- Cabeça, Dor de (veja Enxaqueca) — 63
- Cabelos, Saúde dos — 63
- Cãibras — 64
- Cálculos renais (prevenção) — 65
- Calos e asperezas — 65
- Calvície (veja Cabelos, Saúde dos) — 66
- Caspa (veja Cabelos, Saúde dos) — 66
- Cistite (veja Bexiga, Infecção da) — 66
- Coceiras (consulte também Picadas de insetos) — 66
- Colesterol, Alta de — 67
- Congestão nasal (veja Muco) — 68
- Coriza (veja Muco) — 68
- Enxaqueca — 68
- Espinhas e cravos (veja Acne) — 69
- Estômago, Dor de (consulte também Má-digestão e Úlceras gástricas) — 69
- Fadiga crônica — 70

FERIMENTOS LEVES	71
FLATULÊNCIA	71
GARGANTA, INFLAMAÇÃO DA	71
GASES (VEJA FLATULÊNCIA)	72
GOTA (VEJA ARTRITE)	72
GRIPES (VEJA GARGANTA, INFLAMAÇÃO DA; RESFRIADOS; MUCO)	72
HEMORRÓIDAS	73
HERPES-ZOSTER	73
HIPERTENSÃO ARTERIAL	73
IMPETIGO	74
IMPIGEM	74
INTESTINO PRESO (VEJA PRISÃO DE VENTRE)	74
JUNTAS, DORES NAS (VEJA ARTRITE)	75
MÁ-DIGESTÃO (CONSULTE TAMBÉM ÚLCERAS GÁSTRICAS)	75
MAGREZA	76
MANCHAS SENIS	77
MEMÓRIA, MELHORIA DA	77
MENSTRUAÇÃO EXCESSIVA	78
MUCO	78
MÚSCULOS DOLORIDOS	79
NÁUSEA E VÔMITO	79
OBESIDADE	80
OSTEOPOROSE (PREVENÇÃO)	81
OUVIDO, INFLAMAÇÃO DO	82
PÉ-DE-ATLETA (CONSULTE TAMBÉM CALOS E ASPEREZAS)	83
PÉS CANSADOS	83
PERNAS, DOR NAS (CONSULTE TAMBÉM VARIZES)	83
PICADAS DE INSETOS	83
PRISÃO DE VENTRE	84
PRÓSTATA, INFLAMAÇÃO DA (PREVENÇÃO)	85

Queimadura de sol / rachaduras na pele	86
Resfriados	86
Rejuvenescimento facial	87
Sangramentos nasais	88
Soluço	89
Torcicolos (veja Músculos doloridos)	89
Tosse (veja Garganta, Inflamação na)	89
Toxinas, eliminando	89
Úlceras gástricas (causadas pelo consumo de álcool)	90
Varizes	91
A fabricação do vinagre	92
Bibliografia	95

Parte 1
Vinagre de Maçã:
Esse companheiro diário

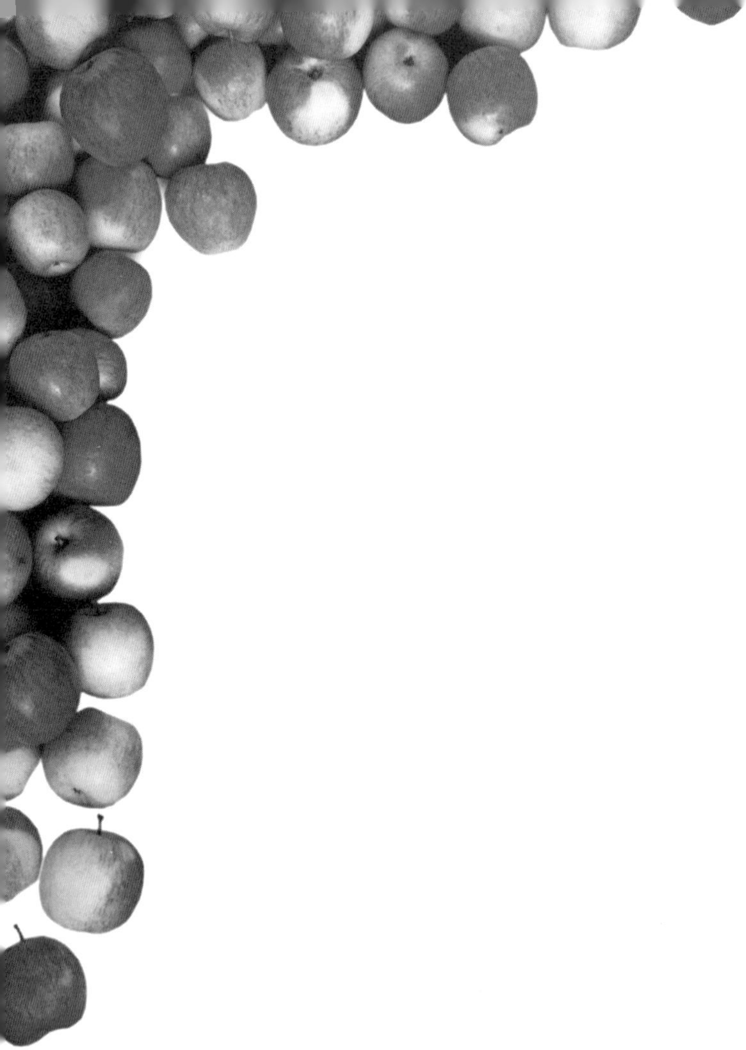

Introdução

Há séculos, a medicina tradicional tem consagrado o vinagre de maçã (ou vinagre de sidra, como também é conhecido) como um excelente remédio para atenuar e combater diversos males.

Um dos motivos de sua eficácia reside no fato de que este líquido compõe-se de centenas de substâncias que exercem um papel fundamental na saúde humana. Sabe-se que o corpo humano necessita diariamente de quantidades diminutas de múltiplos compostos, alguns deles ainda não totalmente identificados pela ciência. A cada ano, novas pesquisas identificam minerais, enzimas, aminoácidos e outras substâncias fundamentais para a saúde perfeita do corpo, embora, em muitos casos, a forma pela qual o organismo emprega estas substâncias ainda permaneça um completo mistério. E o vinagre de maçã possui uma quantidade imensa de componentes que ocupam papel determinante em nosso metabolismo.

Este livro reúne informações gerais sobre o vinagre de maçã, com orientações de saúde baseadas na tradição popular. O uso deste precioso produto remonta a eras longínquas e aqui o nosso objetivo é mostrar indicações baseadas neste conhecimento milenar e empírico. Sem querer jamais substituir recomendações de profissionais qualificados da área médica, propomos, não obstante, oferecer ao julgamento do leitor a utilização (sobretudo preventiva) de um produto acessível, barato e que a sabedoria popular demonstrou, desde há muito, possuir propriedades antibióticas, anti-sépticas e desintoxicantes.

O mais importante para a nossa saúde física e mental é, contudo, buscarmos viver em harmonia com o Cosmo, nutrindo o nosso corpo com uma dieta saudável e alimentando nossa alma com a alegria, que é o motor interno da vida. E o vinagre de maçã poderá ser um excelente companheiro nesta jornada.

G. P. Boutard

TABELA DE REFERÊNCIA DE MEDIDAS

Ao longo deste livro, algumas medidas serão usadas na elaboração das receitas. Como existe sempre uma variação no padrão dessas medidas, apresentamos aqui as principais referências que utilizamos:

1 colher de chá:	5 ml
1 colher de sopa:	15 ml
1 copo:	250 ml

ADVERTÊNCIA AO LEITOR

Este livro tem o objetivo de apresentar informações sobre o uso do vinagre de maçã como remédio caseiro, constituindo o resultado da pesquisa do Autor em diversas fontes relacionadas à utilização popular deste produto. Não existe, nas páginas a seguir, nenhuma intenção de diagnosticar e/ou substituir o médico no tratamento de doenças, mas sim a de oferecer ao leitor experiências oriundas do uso tradicional do vinagre de maçã. Antes de seguir quaisquer dietas ou sugestões terapêuticas, consulte o seu médico. Nunca abandone seu tratamento médico para seguir orientações não referendadas por competentes profissionais de saúde.

UM POUCO DE HISTÓRIA

Como não poderia deixar de ser, a história do vinagre é indissociável da história do vinho, considerado a mais antiga das bebidas. Sítios arqueológicos sugerem que o *Homo sapiens* já produzia uma bebida alcoólica, provavelmente a partir da uva, e podemos supor que sua descoberta tenha ocorrido casualmente. Imaginemos que em sua busca de suprimentos, o homem primitivo tenha esmagado alguns cachos de uva num vasilhame rústico, esquecendo o suco resultante num canto da caverna. Passado algum tempo, percebeu que algo estava se passando: um odor forte havia envolvido a caverna, resultado do mosto em fermentação. Não demorou muito para ele notar também que poderia recolher, do vasilhame, um líquido de cheiro penetrante. Depois de separá-lo de todo aquele bagaço, o nosso antepassado provou daquela bebida, experimentando uma sensação estranha, misto de alegria e confusão mental. Mas uma nova transformação estava para ocorrer: abandonando aquele líquido inebriante novamente num canto, ele percebeu, depois de algumas semanas, que o gosto ficara acentuadamente ácido e o odor tornou-se muito diferente.

 Não sabemos se aconteceu exatamente assim, mas, de uma forma ou de outra, o vinagre passou a ser fabricado e usado pelos povos antigos. E foi um acontecimento de uma importância essencial, pois paulatinamente descobriu-se que se tratava de um excelente conservante, desinfetante e de um remédio natural. Os legumes submersos neste maravilhoso líquido conservavam suas cores frescas e mantinham sua consistência. O peixe ainda era comestível bem depois do tempo suficiente para seu apodrecimento. As feridas purulentas tratadas com vinagre começavam a sarar.

Apesar de o vinagre poder ser produzido a partir de diversas frutas e cereais, a sabedoria milenar descobriu que o vinagre de maçã é o depositário dos melhores benefícios para a saúde.

A partir do momento em que os antigos reconheceram o valor salutar do vinagre, a sua produção começou a aumentar muito. Como podia realizar muitas coisas tidas como milagrosas, a transformação da sidra (vinho de maçã) em vinagre passou a ser um processo elaborado e cercado de magia, mais uma arte esotérica do que propriamente uma produção baseada na prática. Desse modo, as etapas de preparação do vinagre foram cercadas de mistério.

Vale destacar que, já no ano 400 a.c., Hipócrates (considerado o Pai da Medicina), utilizava o vinagre para tratar os seus pacientes, fato que não surpreende pois, desde remotas eras, este maravilhoso líquido é usado para cobrir e tratar os ferimentos. Outros exemplos: um antigo texto médico assírio, encontrado em sítio arqueológico, recomenda o uso do vinagre para o tratamento dos males do ouvido, e composições contendo o vinagre já foram encontradas em sarcófagos egípcios datados de mais de 3 mil anos a.c., atestando também seu antigo papel ritualístico. Há também registros de que as legiões romanas de Júlio César, em suas diversas campanhas de guerra e conquista, levavam sempre tonéis de vinagre para tratar seus feridos e doentes. Na Bíblia também encontramos diversas menções sobre o caráter curativo e desinfetante deste líquido.

Várias e diferentes culturas, portanto, descobriram as virtudes do vinagre, espalhando-se sua produção pelo mundo inteiro. Podemos refazer a história do vinagre e de seus usos através dos anos, entre diversas épocas e civilizações diferentes. Assim é que, há pelo menos dez mil anos este líquido de sabor acentuado – a palavra vinagre deriva da combinação das palavras latinas *vinum* e *acrem,* literalmente vinho acre – é usado como condimento, conservante e, também, como um remédio natural para tratar problemas de saúde.

O QUE É O VINAGRE?

O vinagre é o líquido resultante da fermentação acética do vinho, de outras bebidas moderadamente alcoólicas e de alguns cereais e frutas, como a maçã. No transcorrer da fermentação, o álcool se combina com o oxigênio do ar e se transforma em ácido acético e água.

O característico gosto acre é proveniente do ácido acético, resultado da fermentação – processo no qual os álcoois se transformam em ácidos – levada a efeito através de um microorganismo denominado *Acetobacter aceti*. Esta bactéria está normalmente presente no ar, razão pela qual o surgimento do vinagre, como já afirmamos antes, tenha provavelmente ocorrido por acaso.

Foi apenas em 1578, quase dez anos após o provável início da fabricação industrial do vinagre, que o processo químico que o produz foi corretamente explicado pelo microbiologista Hansen. Ele descreveu com precisão as três espécies de bactérias que atuam na formação do vinagre. Estas bactérias consomem álcool e excretam ácido.

Muitos pensam que é a fermentação que dá ao produto final esta propriedade curativa particular. Acham também que ela aumenta em muito os valores nutritivos do vinagre. Ainda que originalmente os alimentos tenham sido fermentados para impedi-los de apodrecer, o resultado desse processo dá sempre um gosto melhor do que o original, daí serem tantos os amantes das conservas ao vinagre.

Além do ácido acético, o vinagre possui os elementos nutritivos essenciais dos alimentos utilizados em sua fabricação. Por exemplo, o vinagre de maçã possui pectina, betacaroteno e potássio. Além disso, como afirmamos anteriormente, contém quantidades diversas de enzimas, carboidratos e aminoácidos, os quais se formam pela transformação de proteínas complexas.

Possui uma parte volátil que se evapora facilmente e através de seu odor (revelado quando ele é exposto ao ar) pode-se ter idéia de sua qualidade. Recentemente, especialistas analisaram essa parte volátil do vinagre e encontraram 93 substâncias conhecidas e outras ainda não identificadas.

O vinagre de maçã adquire sua coloração amarelo-dourada por conta dos taninos que se soltam das membranas rompidas das células de maçãs frescas e maduras. Quando estes conservantes naturais e incolores entram em contato com o ar, eles se tornam de uma rica coloração dourada que é a mesma do vinho de maçã (sidra). *Bronzeamento enzimático* é o nome que os químicos dão a esse fenômeno.

Esse líquido maravilhoso, ainda cercado de mistérios, tem sido de uso constante ao longo dos tempos porque tem mostrado possuir uma enorme capacidade de cura de diversos males que nos afligem.

A MAÇÃ E O POTÁSSIO

A maçã foi, simbolicamente, uma das responsáveis por termos nos tornado humanos. Tudo aconteceu no Jardim do Éden, onde ela marcou a sua presença no destino dos homens, revelando as nossas fraquezas e, ao mesmo tempo, a necessidade de superarmos essa condição. Assim, de Adão e Eva aos nossos dias, a maçã tem servido de alimento e também contribuído para nos manter saudáveis.

Essa deliciosa fruta é uma magnífica fonte de potássio, elemento que representa para os tecidos moles do corpo o mesmo que o cálcio significa para os ossos e cartilagens. Trata-se do mineral da juventude – sem o potássio, aliás, não haveria vida na face da Terra – que garante a flexibilidade e elasticidade das artérias, atuando também, decisivamente, na renovação das células e no processo de limpeza das artérias.

Se o potássio é fonte de vida, naturalmente sua carência resulta em gravíssimos problemas. A pele e o tônus muscular são afetados quase de imediato, o mesmo ocorrendo internamente, pois as vísceras e os outros órgãos se tornam flácidos, dificultando sua fixação na estrutura corporal.

O rosto funciona como uma espécie de espelho da deficiência potássica. Rugas costumam tomar o rosto e o pescoço, acontecendo também o fenômeno popularmente denominado de "olhos caídos": a pele em volta dos olhos torna-se flácida, num processo que compreende o colapso progressivo das pálpebras. Curiosamente, muitas das pessoas que recorrem à cirurgia plástica para corrigir um problema da flacidez na pele abaixo dos olhos podem, na verdade, estar sofrendo de uma carência de potássio. O fato é que, se uma determinada pessoa não ingere diariamente a quantidade necessária deste elemento, pode sofrer as conseqüências que acabamos de descrever, o que na prática resultará também no envelhecimento e senilidade precoces, entre outros males. Pesquisas indicam, igualmente, que distúrbios de crescimento também envolvem a carência de potássio por ter este elemento um papel fundamental no crescimento, renovação e flexibilidade dos tecidos.

Nesse sentido, por agir diretamente nas partes "moles" de nosso corpo – em contraposição à ação do cálcio, que é o fortalecedor dos ossos – é natural que uma dieta baixa em potássio acarrete problemas musculares, as cãibras incluindo-se entre os mais comuns.

Como afirmamos antes, sem o potássio não haveria vida na face da Terra. Sem ele não se instauraria o processo que transforma as sementes em broto, nem haveria o crescimento das plantas. Assim como ocorre com os homens e animais, a carência potássica degenera as plantas: elas vão se tornando frágeis, amarelecem e morrem. O potássio é fundamental na produção de substâncias que dão resistência ao caule, além de atuar, igualmente, como uma barreira contra diversas doenças que atacam as plantas.

Em suma, é fundamental incluir, em toda dieta saudável, porções generosas de maçã. E é claro, também o personagem central deste livro – o vinagre de maçã – que além do potássio, possui enzimas e minerais de importância capital para a nossa saúde.

BETACAROTENO:
O INIMIGO DOS RADICAIS LIVRES

Algumas doenças, como o câncer e a catarata, estão intimamente relacionadas ao envelhecimento ou, mais precisamente, à perda da capacidade do corpo de efetuar, de maneira apropriada, suas diversas ações metabólicas. Um outro fenômeno, também relacionado a isso, é o descontrole provocado pelos radicais livres. Numa célula saudável, os radicais livres produzidos não são prejudiciais. Mas em razão de um fenômeno ainda não totalmente identificado, muitas vezes os radicais livres alteram os cromossomos e detonam um processo de reprodução descontrolado no interior das células (os tumores são resultado do crescimento caótico e descontrolado das células).

Quando nossas funções químicas estão normais, nosso corpo consegue utilizar ou neutralizar os radicais livres na mesma medida em que eles são produzidos. Porém, em razão de variadas causas – que compreendem desde o estresse, a poluição, o abuso da luz solar ou, como já falamos, a decrepitude do corpo em função do estilo de vida e/ou da dieta alimentar – muitas vezes somos bombardeados de tal forma pelos radicais livres que o nosso corpo não os processa: aí eles se tornam tóxicos e provocam diversas doenças.

Desse modo, radicais livres em excesso são sempre prejudiciais e podem ser combatidos por antioxidantes, que bloqueiam as reações de oxidação produzidas por eles. E o betacaroteno – também denominado de carotenóide, encontrado sobretudo na cenoura, mas também no vinagre de maçã – é um poderoso antioxidante, fato já amplamente comprovado pela medicina.

O betacaroteno está naturalmente presente em diversas hortaliças e frutas, e contribui para fortalecer nosso sistema imunológico, atuando tanto para melhorar e proteger nossa visão de diversos males (como no caso da catarata) quanto, como se prova a cada dia, na prevenção de diversos tipos de câncer, como os de pulmão, laringe, esôfago, vesícula, cólon e bexiga. No vinagre, este elemento miraculoso apresenta-se sob uma forma de fácil assimilação, participando do conjunto de elementos que fizeram deste líquido um dos mais eficientes remédios caseiros.

O desenvolvimento da catarata – este mal que afeta milhões de pessoas em todo o mundo, principalmente os mais idosos – está associado à oxidação do cristalino, que acontece quando os radicais livres alteram sua estrutura. Como dissemos, uma alimentação rica em antioxidantes diminui os riscos de formação da catarata.

O BORO:
OUTRO COMPANHEIRO FUNDAMENTAL

Afirmamos anteriormente que o vinagre é composto de dezenas de minerais, enzimas, aminoácidos e outras substâncias fundamentais para a saúde perfeita do corpo. Entre as substâncias identificadas, e que comprovadamente exercem um papel importante em nosso metabolismo, está o boro.

Trata-se de um mineral indispensável para a vida vegetal e animal. Da mesma forma como o potássio, sem o boro as plantas não crescem adequadamente: permanecem pequenas, quando não quebradiças ou deformadas. Este mineral também desempenha um papel importante na utilização do cálcio pelo corpo no processo de formação e manutenção dos ossos. A ciência está apenas começando a compreender como o boro participa desse processo. Sabe-se, no entanto, que ele atua decisivamente no funcionamento da membrana celular.

A presença do boro no vinagre de maçã explica muitos dos seus efeitos curativos. O boro facilita a liberação dos hormônios esteróides, regularizando seu funcionamento e sua atuação no organismo. Dentro do pouco que se sabe a respeito, constatou-se, contudo, que a interação entre boro e hormônio é vital para a formação dos ossos. Os hormônios esteróides e o boro são necessários para completar o ciclo de crescimento dos ossos, explicando, por isso, porque o vinagre de maçã pode se constituir num excelente aliado no combate à osteoporose.

Além do boro, o vinagre de maçã fornece manganês, silício e magnésio, entre outros elementos necessários para a manutenção da massa óssea. A concentração desses minerais no vinagre de maçã realiza-se de uma maneira naturalmente dosada, o que explica a eficiência deste líquido maravilhoso.

ÁCIDO ACÉTICO: FORTALECENDO O SISTEMA IMUNOLÓGICO

O ácido acético – que fornece ao vinagre aquele gosto acre peculiar – resulta da fermentação do álcool pela bactéria *Acetobacter aceti*. Trata-se de um ácido fraco – a exemplo do ácido cítrico, presente nas frutas, e do ácido ascórbico (vitamina C) – que atua beneficamente no organismo como um todo, desempenhando papel destacado no conjunto de elementos que fazem do vinagre um magnífico remédio doméstico. Este ácido destrói microorganismos que causam doenças (bactérias, vírus, fungos, etc.) – desenvolvendo autêntica guerra contra esses inimigos patogênicos – e atua principalmente no estômago, intestinos, rins, bexiga e uretra. Por essa razão, é reconhecido seu poder na desinfecção e desintoxicação do organismo, fatores decisivos para o fortalecimento de nosso sistema imunológico.

AS PROPRIEDADES TERAPÊUTICAS DO VINAGRE DE MAÇÃ

Para mantermos a saúde e o vigor com o passar dos anos, é necessário que cuidemos de nosso organismo, dia após dia, alimentando-nos e vivendo de maneira saudável. Em suma, é preciso evitar o estresse, manter uma alimentação equilibrada, sem abusos, e repleta de nutrientes. E o meio mais seguro de obter nutrientes suficientes é seguindo um regime variado, que corresponda a todas as necessidades de nosso organismo

O vinagre de maçã é um dos líquidos mais salutares e cheios de nutrientes que o homem conhece. Talvez seja por isso que ele tenha conquistado a fama de ser um excelente fortificante. Uma colher de café deste líquido dourado contém vários elementos construtores necessários à estrutura de uma pessoa saudável.

Não é de surpreender que o vinagre de maçã seja recomendado secularmente para aqueles que querem manter sua vitalidade e permanecer saudáveis por mais tempo possível. Através dos tempos ele foi prescrito para ajudar a manter a saúde, prevenir as doenças, manter o peso, acalmar a tosse, combater os resfriados e os problemas respiratórios, servindo para muito mais.

O vinagre de maçã pode abrandar a artrite, retardar a osteoporose, reduzir os riscos de câncer, matar alguns microorganismos patogênicos, tratar de algumas afecções da pele, facilitar a digestão, melhorar a memória e proteger o cérebro quanto aos males do envelhecimento.

Tendo em vista que os remédios populares tradicionais (como este que é o tema de nosso livro) são transmitidos de geração para geração, ao longo dos tempos cada uma delas agregou novas experiências de uso, fornecendo outras variações. Entretanto, uma questão permanece constante: uma pequena quantidade diária de vinagre de maçã melhora a saúde e prolonga a vida.

TÔNICO DA VIDA LONGA: PRESERVANDO A SAÚDE E MANTENDO A DISPOSIÇÃO

Seria a longevidade um bem que premiaria apenas alguns poucos? Claro que nosso corpo sofre desgastes com o passar do tempo, mas salvo no caso de sofrermos um acidente – algo que foge ao nosso controle – não há razão que nos impeça de prolongarmos nossa permanência na Terra. Somos nós que decidimos o tipo de vida que levamos, nossos hábitos e comportamentos destrutivos, as toxinas que ingerimos. A maior parte das pessoas morre (e morre prematuramente, poderíamos acrescentar) em razão de terem feito opções erradas, violando normas elementares da natureza e as leis biológicas que regem a vida humana. Alimentar-se salutarmente, de preferência com vegetais orgânicos, sobretudo aqueles ricos em potássio e não se deixar envolver pela má-consciência destes "tempos modernos", que pregam apenas a competição exacerbada e a falta de solidariedade, já são um bom começo para alcançarmos uma vida plena e longa.

Através da circulação sangüínea, recebemos o resultado do processamento dos alimentos que comemos, dos líquidos que bebemos e do ar que respiramos. É também por meio da circulação que se realiza a "manutenção" de nossas células, que, como a ciência comprova, são totalmente renovadas a cada doze meses, incluindo também os ossos e os tecidos viscerais. É por essa razão que o processo de envelhecimento pode ser relativizado através de uma vida equilibrada.

A busca de hábitos saudáveis não é complicada por um motivo bastante elementar: tudo está em nossas mãos, tudo depende de nossa consciência. A sabedoria popular mostra que é nas coisas simples que encontramos verdadeiras riquezas. E para começar, não há nada mais simples do que esta receita de vida. Trata-se de um tônico que vai ajudá-lo a permanecer disposto até a velhice. Desde, é claro, que torne a sua vida mais *simples* em todos os aspectos, sem abusar do corpo e da mente:

- 1 copo de água destilada
- 1 colher de sopa de vinagre de maçã
- 1 colher de sopa de mel

Misture bem. Tome este tônico meia hora antes de cada refeição ou de acordo com a indicação apresentada em outras partes deste livro.

Observação importante: exclua o mel em caso de diabetes.

Faça disso um hábito. Tome este *Tônico da Vida Longa* três vezes ao dia: em jejum e meia hora antes do almoço e do jantar. Aliando esse hábito a uma alimentação equilibrada e sem toxinas, você terá uma vida longa, cheia de saúde e disposição.

Duas vezes por semana, acrescente 1 gota de solução de *Lugol** em uma das vezes que tomar o seu *Tônico da Vida Longa* (duas gotas se você tiver mais de 75 kg de peso). A solução de *Lugol* servirá para cobrir qualquer carência de iodo no organismo e manter uma reserva orgânica adequada a um bom funcionamento da glândula tireóide.

---

* Trata-se de uma fórmula clássica da farmacopéia, que segue, geralmente, a seguinte composição: Iodo Cristal (Metalóide) - 5g; Iodeto Potássico - 10g; Água destilada - 100cm^3 (N. do E.).

ALIMENTAÇÃO SADIA E EXERCÍCIOS: ESTES SÃO OS SEGREDOS DA VIDA

Como manter nosso sistema cardiovascular ativo e saudável? E quanto às funções dos nossos órgãos "limpadores", como o pulmão e o fígado, entre outros? Como combater os sentimentos ruins, que sabemos, desde os antigos, ter o poder nocivo de secretar substâncias (humores) que atuam como toxinas, envenenando o corpo?

Mens sana in corpore sano é o milenar ditado latino que reflete uma sabedoria insuperável: não podemos dissociar a saúde física da mental e, para isso, é imperativo buscarmos viver harmoniosamente, nutrindo o nosso corpo com uma dieta saudável, praticando exercícios regularmente, sem esquecer de nossa alma, que deve ser alimentada com valores positivos.

Como não poderia deixar de ser, a dieta alimentar tem importância básica e fundamental em nossa vida. Embora seja sempre uma questão de foro pessoal, recomendamos a prevalência de um regime de alimentação baseado em vegetais orgânicos: legumes, verduras, cereais e frutas. As gorduras e proteínas animais fazem com que o sangue se torne mais espesso, dificultando a circulação. Também existe nas carnes um número excessivo de toxinas – muitas delas geradas no bárbaro processo de abate dos animais – fundamentalmente nocivas para a nossa saúde. Não obstante, caso você não consiga se abster de carnes (nesse caso, opte sempre pelas carnes brancas e magras), as enzimas e ácidos naturais presentes no vinagre de maçã ajudarão a manter o seu sangue mais saudável e mais fino, contribuindo também para ativar os órgãos que atuam na eliminação de toxinas e outras impurezas.

O uso continuado do vinagre de maçã também deixará o corpo mais flexível, diminuindo consideravelmente a rigidez que muitas vezes ataca músculos e articulações. Você perceberá que as caminhadas e exercícios serão feitos mais tranqüilamente, sem dores e cansaço. E chegamos aqui a um ponto fundamental para a manutenção de nossa saúde.

Se levarmos uma vida sedentária, nosso metabolismo se torna lento. É essencial para todos (principalmente para os mais idosos) manter cotidianamente uma atividade física: caminhadas, exercícios – sem exageros – flexionando juntas e músculos, buscando sempre uma oxigenação adequada. Desse modo, garantimos para nós uma vida repleta de vivacidade, energia, virilidade e entusiasmo.

Pelas manhãs, vá para um lugar arborizado (a harmonia com a natureza é fundamental) e inicie sua caminhada. Após caminhar alguns minutos, ativando a circulação, pare e flexione juntas e alongue pernas e braços, como se estivesse espreguiçando. Realize também exercícios de respiração, procurando oxigenar bem o corpo. Continue fazendo esses alongamentos até que sinta cada um de seus músculos ativado e desperto. Mas não restrinja seus exercícios ao período da manhã: ao longo do dia, reserve diversos minutos para estas flexões e alongamentos, que são a garantia de um funcionamento perfeito do seu sistema cardiovascular.

ELIMINANDO TOXINAS E PURIFICANDO O CORPO

Não há nada mais tristemente constatável do que o fato de estarmos cercados e imersos por componentes tóxicos. O ar que respiramos (cheio de toda sorte de componentes nocivos, o dióxido de carbono sendo o mais comum deles), a água que bebemos (poluída e/ou contaminada por agentes químicos e por metais pesados cancerígenos – cloro, arsênico, clorofórmio, cobre e alumínio, entre outros – usados no tratamento que objetiva torná-la "potável"), as inúmeras e perigosas substâncias utilizadas na industrialização dos alimentos, tudo isso constitui, infelizmente, apenas algumas das coisas que envenenam o nosso corpo todos os dias. E nós mesmos somos responsáveis por muitas impurezas que entram em nosso corpo, tais como as bebidas alcoólicas e a alimentação inadequada. É assim que essas toxinas acabam permanecendo em nosso corpo e se alojando em juntas e órgãos.

Embora a infinita sabedoria divina tenha nos fornecido órgãos encarregados de eliminar estes componentes tóxicos – intestinos, pulmões, rins, bexiga e a própria pele – a fragilidade em que vivemos, e a constante agressão a que submetemos nossa natureza interna, muitas vezes impedem que estes "limpadores" do corpo exerçam esse papel. Contudo, o uso constante do vinagre de maçã contribui eficazmente para a eliminação destes componentes tóxicos, purificando o nosso corpo.

VINAGRE DE MAÇÃ E BACTÉRIAS NOCIVAS

É possível que o leitor tenha se perguntado: por que o vinagre de maçã combate as infecções bacterianas e tem ação antisséptica? A razão da ação bactericida do vinagre de maçã está na sua acidez. O pH (escala que mede a acidez e a alcalinidade de uma solução) tem importância fundamental nos seres vivos e em suas reações bioquímicas. As bactérias, fungos e vírus, assim como protozoários e vermes, só se reproduzem em determinada faixa de pH. As bactérias se desenvolvem, normalmente, em meio alcalino, daí o vinagre de maçã ter uma ação benéfica em várias infecções bacterianas. Vejamos o pH do meio mais favorável a algumas bactérias:

Bactéria	pH
Estafilococo	7,4
Estreptococo	7,4 a 7,6
Pneumococo	7,6 a 7,8
Gonococo	7 a 7,4
Meningococo	7,4 a 7,6
Bacilo da influenza	7,8
Agente da difteria	7,2
Agente do tétano	7 a 7,6

Podemos constatar que todas as bactérias da lista acima se desenvolvem em meio alcalino. Exatamente por isso o vinagre de maçã – com seu pH de 4,5 – tem ação em otite, impetigo e outras afecções bacterianas. Devemos, entretanto, alertar o leitor que essa ação bactericida se restringe à aplicação local do vinagre de maçã. Desse modo, o pH local se modifica, tornando-se ácido, e as bactérias não resistem a esse meio inadequado à sua vida. Não podemos ter a pretensão, por exemplo, de querer curar uma pneumonia por estreptococo bebendo vinagre de maçã. Mas em dores de garganta, isso é plenamente realizável.

JEJUANDO COM SUCOS E CALDOS

Já nos referimos sobre a necessidade de eliminarmos impurezas do nosso corpo. Vamos avançar um pouco mais nessa direção, apresentando as linhas gerais de uma dieta baseada no jejum de alimentos sólidos e na ingestão de sucos de frutas e vegetais. Em todas as grandes religiões do mundo, a prática do jejum é parte integrante de suas doutrinas. Mais do que isso: é um componente integrado às próprias origens de cada uma delas. Tem raízes fincadas no hinduísmo, no budismo, e ocupa papel primordial no islamismo. Durante o Ramadã, o mês sagrado muçulmano, os fiéis devem-se manter em jejum do alvorecer ao pôr do sol, de acordo com a prescrição deixada por Maomé. Trata-se de um princípio também fundamental na tradição judaico-cristã.

Forma de louvar o Criador, de nos penitenciarmos de nossos pecados e nos curvarmos humildes frente a Deus, ou, ainda, espaço de reflexão sobre a fragilidade humana, acerca de nossa temporalidade, o fato é que o jejum também se constituiu – naquelas sociedades nas quais as grandes religiões se ergueram – numa prática de saúde pública. Ao conduzir múltiplas comunidades ao jejum, os homens santos também proporcionavam aos seus seguidores uma prática que depurava a alma, sim, mas também e, destacadamente, o corpo.

Trata-se de uma forma eficiente (e, como vimos, milenarmente comprovada) de se eliminar acúmulos de componentes tóxicos e resíduos putrefatos que se depositam nos intestinos (além de parasitas e vermes), e de expelir o muco, esse autêntico "caldo" de doenças, e outros líquidos tóxicos, que invadem diversos órgãos. O jejum com sucos também ajudará nosso corpo a eliminar metais indesejados – como o alumínio, o mercúrio, o cádmio e o níquel, para citar apenas alguns – bem como outros componentes poluidores. Com a eliminação desse material tóxico, mudanças significativas, e mesmo incríveis, podem e devem acontecer.

Caso tenha decidido empreender essa proposta de jejum com sucos, é preciso, antes, ouvir uma opinião médica acerca de suas condições físicas. Sabemos que a maioria dos médicos – principalmente os mais ortodoxos – não está familiarizada com a visão médica holística e têm um conhecimento limitado (quase sempre nenhum) da prática terapêutica do jejum. Se assim for, manifeste o desejo de que ele forneça um diagnóstico geral de seu estado físico, para o qual será necessária a feitura de diversos exames.

É preciso considerar, igualmente, que em certas circunstâncias, <u>não é absolutamente recomendada a prática do jejum sem a supervisão de um profissional médico</u>. Eis alguns exemplos:

- Mulheres grávidas ou em fase de amamentação do bebê.
- Indivíduos extremamente magros, anêmicos, ou que estejam em processo de convalescença (por exemplo, recuperando-se de cirurgia recente).

PARTE 1 – VINAGRE DE MAÇÃ: ESSE COMPANHEIRO DIÁRIO

- Pessoas com históricos de anorexia, bulimia e outros transtornos comportamentais relacionados à alimentação.
- Diabéticos e hipoglicêmicos.
- Cardíacos crônicos ou portadores de HIV, hepatite tipo C, úlceras hemorrágicas e outras afecções graves que tenham atingido órgãos vitais como rins, pulmões, fígado, etc.

Antes de qualquer coisa, é preciso dizer que o nosso jejum compreende tão somente a abstenção de alimentos sólidos, amparando-se na ingestão de sucos de frutas, verduras, legumes, e de caldos. Incluirá também a ingestão de copos de água destilada com uma colher de sobremesa de vinagre de maçã, pois este líquido desempenha papel importante na depuração do corpo, conforme exposto no verbete *Toxinas, Eliminando* (pág. 91).

Sucos de frutas desempenham o papel de *limpadores* do organismo, e o melhor horário para tomá-los é pela manhã. Já os sucos feitos com legumes e verduras são considerados pelos nutricionistas como *restauradores*, complementando, portanto, a ação dos sucos de frutas.

O ideal seria que se reservasse um dia por semana para proceder a esse jejum com sucos, embora só você possa definir a periodicidade, dependendo de sua necessidade, disponibilidade e grau de aceitação do organismo. Dias antes daquele marcado para cumprir essa dieta, inicie uma preparação:

- Vá diminuindo a quantidade de comida, para que seu corpo paulatinamente se prepare para trocar a alimentação sólida pela líquida;
- Reduza, pouco a pouco, e finalmente interrompa o consumo de bebidas com cafeína, tais como café, chá preto,

energéticos e refrigerantes, principalmente as colas. A abstenção abrupta de cafeína, que é uma droga potente, pode provocar, durante o jejum, sintomas como dor de cabeça e náusea. Você pode, por exemplo, substituir o café comum por café descafeinado.

Aqui está a dieta básica para o nosso jejum com sucos e outros líquidos. Utilize, de preferência, frutas e verduras plantadas organicamente (isto é, sem agrotóxicos).

Café da manhã

Suco de frutas à sua escolha (feito no liquidificador ou no processador, sempre com a polpa): maçã, laranja, pêra, pêssego e papaia, entre outras, são excelentes opções. Você pode escolher entre tomar o suco de uma fruta só ou misturar, no máximo, duas frutas. No caso de frutas mais ácidas (como a laranja), misture 50% de água destilada.

Neste período, tome, pelo menos duas vezes, um copo de água destilada com uma colher de sobremesa de vinagre de maçã.

Almoço

Suco de verduras e legumes, feitos também no liquidificador ou no processador. Algumas opções são: cenoura, beterraba, couve, aipo, pepino, espinafre e gengibre, entre outros. Você pode criar as suas receitas, mas apresentamos uma que tem se mostrado particularmente eficaz para a limpeza do organismo:

- 2 cenouras
- ½ beterraba
- ½ pepino

Bata tudo de preferência numa centrífuga, que deixa o suco mais líquido. Caso use o liquidificador, acrescente um pouco de água.

Neste intervalo, tome, pelo menos duas vezes, 1 copo de água destilada com 1 colher de sobremesa de vinagre de maçã.

TARDE

Tome um chá de ervas à sua escolha (camomila, sálvia ou erva-doce são bons exemplos), com um pouco de mel.

Neste período, tome, pelo menos duas vezes, 1 copo de água destilada com 1 colher de sobremesa de vinagre de maçã.

JANTAR

Faça o seguinte caldo: pegue 3 cenouras, 1 nabo, 2 folhas de couve, ¼ de uma penca de salsa, ¼ de um repolho, 1 beterraba, ½ cebola média e ½ cabeça de alho. Lave bem, corte em pedaços e cozinhe em fogo médio durante cerca de 15 minutos. Não coloque sal. Depois de cozido, coe com o auxílio de uma peneira, e tome apenas o caldo. Você pode, naturalmente, confeccionar suas próprias receitas de caldos de legumes e verduras. O grande segredo é a combinação de sabores.

POR QUE BEBER ÁGUA DESTILADA?

Beber muita água é fundamental para a saúde, pelo menos seis copos por dia. Isso porque nosso corpo é majoritariamente composto por água (cerca de 70% do peso total), parte da qual deve ser constantemente reposta, pois está envolvida, como não poderia deixar de ser, em nosso funcionamento como ser vivo. Portanto, nada é mais vital para nós do que a água – ela paticipa de todos os processos corporais, da digestão à circulação, estando presente nos músculos, nervos, articulações, etc. – e esse é um bom motivo para tomarmos o máximo de cuidado com a água que bebemos.

A água que nos chega na torneira é tratada através de agentes químicos – cloro, arsênico, clorofórmio, entre outros – e por meio de metais pesados, geralmente cancerígenos; cobre, cádmio e alumínio estão entre eles. Nem os processos de filtragem (o convencional e o de filtro de carbono), nem o uso da ionização conseguem eliminar esses corpos estranhos. Já a água mineral, embora menos nociva, também apresenta muitos inconvenientes: nosso corpo está organicamente preparado para absorver minerais através da alimentação, principalmente de vegetais. Ao ingerirmos sistematicamente água mineral, estamos correndo o risco, em médio prazo, de termos problemas como calcificação de juntas, entupimento de veias, além de dificuldades no funcionamento do fígado e da formação de cálculos na bexiga e nos rins.

Somente através da destilação temos a garantia da eliminação de diversos componentes prejudiciais à nossa saúde. Trata-se de um processo que, através da vaporização/sedimentação, consegue purificar a água, aí incluindo a destruição de bactérias pela ação do calor, nem sempre obtida mesmo nos casos de tratamento com produtos químicos.

Observação importante: A água destilada para o uso aqui indicado deve ser adquirida em farmácias.

Saiba como escolher o vinagre de maçã

Para a eficácia das propostas apresentadas neste livro, a escolha do vinagre é fundamental. Preste muita atenção: o processo de destilação, refino e pasteurização – exigências impostas pelos próprios consumidores – acabam retirando do vinagre, ou neutralizando, muitos dos componentes na prevenção e cura de diversos males. O vinagre de maçã natural, feito com maçãs orgânicas, sem quaisquer aditivos e isento de álcool, é aquele que almejamos aqui.

OS VINAGRES ADICIONADOS DE ERVAS FINAS

Os homens da Antigüidade aprenderam a combinar o vinagre e as plantas medicinais para obter melhores resultados. O vinagre com ervas finas é usado há milênios. Todavia foi somente agora que a comunidade científica começou a compreender as virtudes das plantas medicinais. Quando os vinagres de ervas finas são empregados com finalidade medicinal, a posologia habitual é de uma a três colheres de café em um copo cheio de água.

Para preparar um vinagre com erva, use ½ copo de folhas verdes, lavadas e picadas para um litro de vinagre de maçã. Deixe em infusão por 2 meses e coe em gaze ou papel-filtro. Quando se usa folha seca, deve-se aumentar a quantidade (3/4 a 1 copo de folhas picadas) e deixar em infusão por 3 meses. A quantidade de folhas e o tempo de infusão podem variar em função do teor de substâncias aromáticas e medicinais da planta, do sabor que se quer dar ao vinagre, do poder curativo da erva usada e do grau e intensidade da doença e seus sintomas.

Eis aqui alguns exemplos de plantas utilizadas para fazer vinagres considerados como sendo, ao mesmo tempo, bons para a saúde e antissépticos.

ALECRIM

Com comprovada atuação no fortalecimento da memória, realiza uma perfeita combinação com o vinagre de maçã, cheio de benéficos aminoácidos, para tratar das doenças mentais. Melhora o funcionamento do cérebro e da memória, alivia as dores de cabeça devidas ao estresse e às vertigens.

ARRUDA

Antigamente ela servia de antídoto para os cogumelos venenosos e para as picadas de cobras, de aranha e de abelha. O vinagre de arruda, aromático e amargo, era usado no passado para prevenir as doenças contagiosas. Devido ao seu forte sabor, deve ser utilizado com moderação.

ARTEMÍSIA

Trata-se de um vinagre eficaz sobretudo para afastar pulgas e outros insetos. Como possui um sabor bastante amargo, é indicado apenas para uso externo. Para controlar os insetos, espalhe-o abundantemente nos locais infestados. Também serve para tratar doenças de pele produzidas por fungos (dermatofitoses).

CRAVO

O vinagre de cravo é especialmente eficaz para tratar crises de vômito. Seu uso remonta há mais de 2 mil anos, na China, onde também era considerado um afrodisíaco.

DENTE DE LEÃO

Ele incorpora às qualidades antissépticas do vinagre suas virtudes de laxativo suave. Também tem um efeito antiinflamatório sobre os intestinos. É um velho remédio para as doenças do pâncreas e do fígado. Ao que tudo indica, ele melhora a hepatite e a cirrose. Trata-se, igualmente, de um diurético e, por isso, é considerado útil para abaixar a pressão arterial. É rico em potássio, um mineral que outros diuréticos eliminam do corpo.

Eucalipto
Extrai-se dele o eucaliptol, óleo essencial muito eficaz contra a tosse. Os vapores desse vinagre, devido ao óleo aromático desta planta, aliviam a congestão nasal e facilitam a respiração. É bem conhecida, por seu aroma de eucalipto, a pomada de uso popular usada para artrite e reumatismo.

Hortelã-pimenta
Como todas as mentas, ela acalma o sistema digestivo. Tome 1 copo de água com 2 colheres de café de vinagre de hortelã-pimenta para abrandar as dores de estômago, a diarréia e a flatulência. Acrescente 1 colher de café de mel e você obterá um dos tratamentos de melhor sabor para a indigestão. Misture este vinagre de ervas finas com outros para acentuar seus aromas e aumentar sua eficácia.

Hortelã-verde
Um pouco de vinagre de hortelã-verde em um copo com água combate os distúrbios do aparelho digestivo, principalmente do estômago. Também reduz a flatulência e dá um sabor picante ao chá gelado.

Lavanda
Ela dá um vinagre agradavelmente aromatizado e útil para combater a angústia. Há muito tempo o perfume marcante da lavanda é utilizado para abrandar as dores de cabeça e acalmar os nervos.

Mirra

Já desde há muito tempo, esta planta tem sido considerada útil para a manutenção de uma boca sadia. Combinada ao vinagre de maçã, sua eficácia é otimizada. Lave bem a boca com este vinagre para acelerar a cura das aftas e para abrandar as gengivas inflamadas e inchadas, e também para refrescar o hálito.

Sálvia

Algumas gotas de vinagre de sálvia em sopas e nos vinagretes podem servir de calmante para aqueles que têm os nervos à flor da pele.

Tomilho

Além de seu uso gastronômico – complementa bem os pratos de carne, amaciando-os e temperando-os –, o vinagre de tomilho também é útil nos casos de micose: aplicado sobre a pele atingida, impede o avanço da afecção.

Parte 2
Tratando males e distúrbios

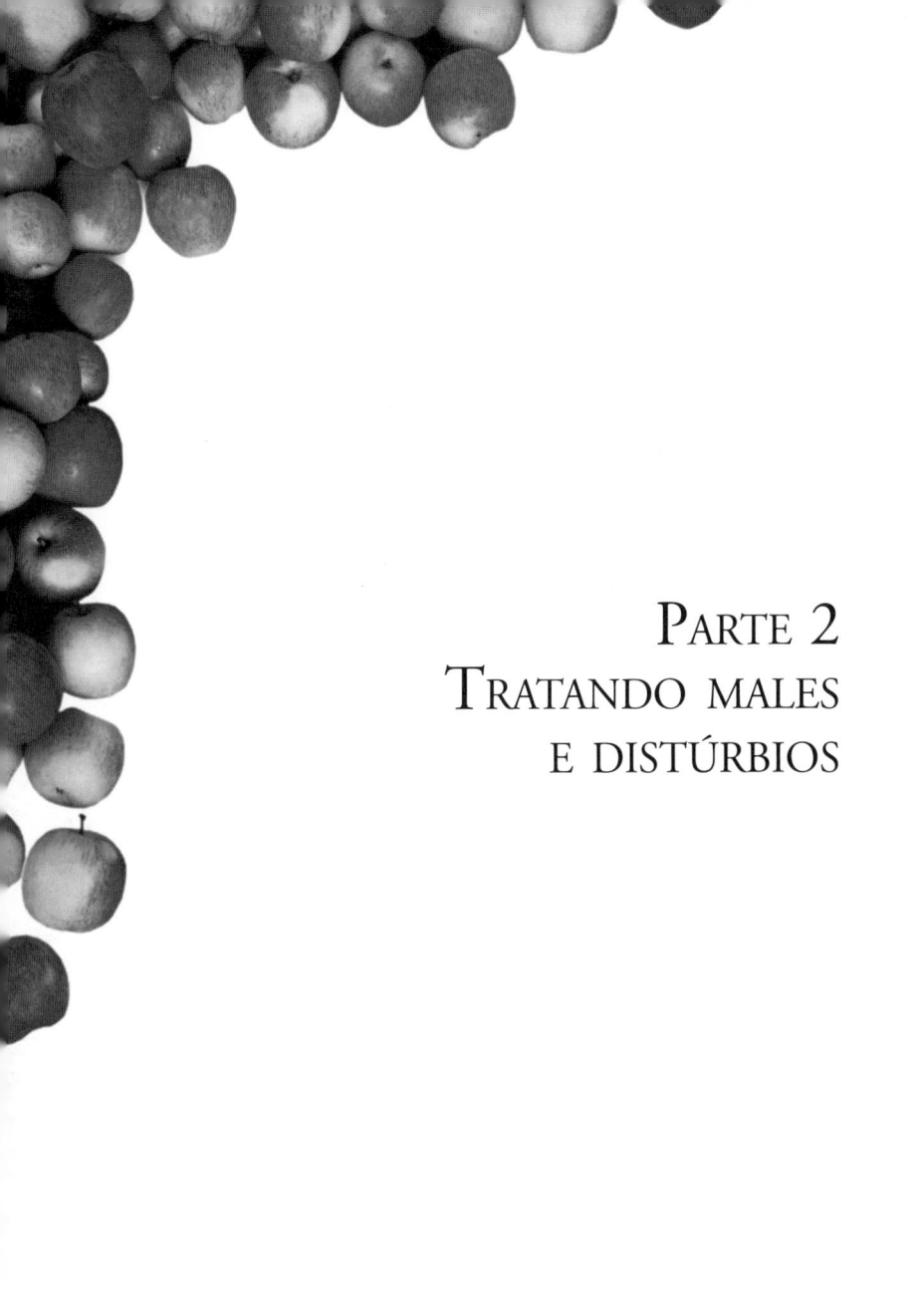

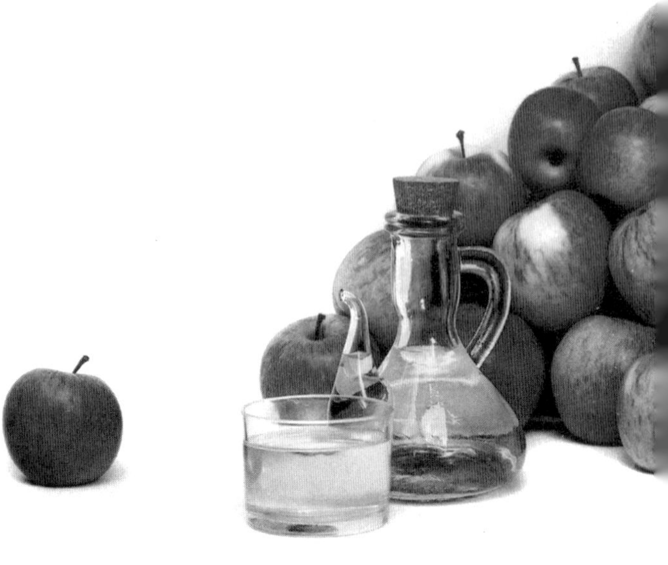

Acne (consulte também Rejuvenescimento facial)

Cientificamente denominada de *acne vulgar*, trata-se de uma afecção inflamatória das glândulas sebáceas e dos folículos pilosos da pele, provocando o aparecimento de cravos e espinhas, principalmente no rosto, no peito e nas costas. A adolescência é um período particularmente favorável ao surgimento desta afecção, devido às mudanças hormonais por que passa o corpo, deixando, muitas vezes, cicatrizes profundas, sobretudo nos casos crônicos. A dieta também exerce um fator determinante para o seu surgimento e, quase sempre, uma mudança nos hábitos alimentares conduz à melhora do quadro e mesmo à eliminação total da acne.

Indicações:

- Tome o *Tônico da Vida Longa*, três vezes ao dia, antes de cada uma das refeições.
- Reduza significativamente ou elimine o consumo de açúcar, incluindo adoçantes à base de estévia pura, já que o ciclamato, a sacarina e o aspartame são comprovadamente nocivos à saúde. A frutose pura não é nociva e pode ser usada.

- Não coma alimentos fritos. Também elimine de sua dieta alimentos do tipo *fast food*, que apresentam grandes quantidades de iodo. Pesquisas indicam que o iodo está associado ao surgimento ou recrudescimento de problemas de pele, particularmente da acne. Embora o iodo seja necessário à saúde, seu excesso é sempre prejudicial. Neste caso específico, desconsidere a orientação apresentada na pág. 31 relativa à utilização da solução de iodo.

- Reduza significativamente ou elimine o consumo de alimentos artificiais, que sempre contêm conservantes, tais como enlatados e embutidos em geral, refrigerantes e doces industrializados.

- A acne pode ser provocada, ou acentuada, pela ingestão de alimentos ricos em gorduras e ácidos graxos saturados. Nesse sentido, devem ser evitados alimentos que incluam chocolate, leites e seus derivados, margarina e óleos vegetais hidrogenados.

- A alimentação deve ser rica em verduras, legumes, frutas, cereais integrais, leguminosas (feijão, lentilha e ervilhas secas). Recomenda-se a inclusão na dieta de alimentos derivados da soja, como o tofu e a carne vegetal. Para compensar a redução ou eliminação de laticínios, é recomendável incluir na dieta cotidiana alimentos ricos em cálcio, como couve, salsa, cenoura e maçã. Use vinagre de maçã generosamente nas saladas.

POMADA VERMELHA

Além de ajudar a eliminar espinhas e cravos, a receita a seguir contribui para manter a pele jovem, macia e saudável. Trata-se de uma pomada à base de morangos e vinagre de maçã, que deve ser aplicada à noite, antes de dormir. Amasse 3 morangos grandes em ¼ de copo de vinagre de maçã e deixe descansar durante duas horas. A seguir, coe o vinagre em um tecido fino. Aplique esta pomada dando tapinhas sobre o rosto e o pescoço. Pela manhã, retire a pomada lavando o rosto normalmente.

Um suco especial: cenoura e vinagre

Tome diariamente, em jejum, 1 copo grande de suco de cenoura misturado a 1 colher de chá de vinagre de maçã. Aliada à dieta indicada e ao tratamento tópico, a ingestão cotidiana deste suco propiciará a melhora da pele em pouco tempo.

Acidez estomacal (veja Azia)

Afta

De origem ainda pouco conhecida – provavelmente associada a problemas de alimentação, mas também a baixas no sistema imunológico – a afta é uma das afecções mais comuns, principalmente entre as crianças. Um procedimento milenarmente eficaz para atenuá-las é utilizar a solução, em bochechos a cada três horas, de duas colheres de sopa de vinagre num copo d'água morna. A melhora será mais rápida se você tomar, logo ao levantar e antes de dormir, 1 colher de sopa de mel e 1 colher de sopa de vinagre de maçã num copo d'água morna.

ALZHEIMER, MAL DE (PREVENÇÃO)

Envelhecer é algo inevitável, mas é possível não apenas passar por essa fase da vida (tão bonita como qualquer outra) com saúde, como prolongá-la de maneira eficaz e produtiva. Há, no entanto, um inimigo à vista: o Mal de Alzheimer, a mais terrível das doenças mentais associadas à velhice. Além de estar comprovada uma certa predisposição genética, alguns estudos mostram, igualmente, que esta doença está relacionada também à carência de cálcio, tiamina e niacina, além de um terço dos pacientes idosos que sofrem deste tipo de problema apresentarem baixas taxas sangüíneas de vitamina B-12 e carência de ácido fólico.

Caso a dieta alimentar não inclua quantidades suficientes desses elementos nutritivos, e se houver uma predisposição genética, está formado o quadro para o Mal de Alzheimer. Tudo isso leva a uma questão quase óbvia: a dieta alimentar ocupa um papel central na prevenção contra esta doença. Há neste livro diversas indicações a esse respeito (veja verbete *Anemia*), mas para um tratamento detalhado e específico, o melhor é consultar um profissional médico, de preferência aquele mais sensível à medicina natural. De todo modo, não podemos deixar de sugerir a utilização do personagem central desta obra: o vinagre de maçã proporciona uma dose equilibrada de aminoácidos, vitaminas e minerais dos quais o cérebro, bem como o corpo, necessitam para permanecer em boa saúde.

- Tome o *Tônico da Vida Longa* três vezes ao dia, antes de cada uma das refeições.

Amigdalite (veja Garganta, Inflamação da)

Anemia

Na anemia há uma redução sensível dos glóbulos vermelhos e da quantidade de sangue do corpo. Os sintomas são fraqueza, palidez, depressão, irritabilidade, insônia, além da fragilização do sistema imunológico. A carência de ferro exerce papel fundamental na anemia, mas também níveis baixos de ácido fólico e de vitamina B-12 desempenham seu papel na doença. Por essa razão, o vinagre constitui um excelente aliado para se combatê-la, pois é rico em ferro, ácido fólico e vitamina B-12.

- Tome, junto com as refeições, 2 colheres de chá de vinagre de maçã diluídas num copo com água.
- Se possível, prepare os alimentos em panelas de ferro, pois, durante o cozimento, a panela soltará um pouco deste elemento, que se infiltrará nos alimentos. Quanto mais alto o teor ácido dos alimentos (feijão, beterraba e cenoura são bons exemplos), mais eles absorvem o ferro. O acréscimo de um pouco de vinagre às carnes, molhos e cozidos amplia seu teor ácido. Isto aumenta a quantidade de ferro que se desprende da panela.
- A alimentação deve ser rica em verduras (use vinagre de maçã generosamente nas saladas), legumes e frutas, cereais e, para os não-vegetarianos, carne magra. Fontes de ácido fólico são as leguminosas (feijão, lentilha e ervilhas secas), germe de trigo, aspargo, espinafre e

couve. Recomenda-se também alimentos repletos de vitamina B-12, como sardinha, truta, salmão, gema de ovo e carne magra. Para compensar a redução ou eliminação de laticínios, é recomendável incluir na dieta cotidiana alimentos ricos em cálcio, como a couve, a salsa, cenoura e maçã.

ARTRITE

Caracterizada pela inflamação das juntas, como conseqüência do depósito paulatino de cristais naqueles locais, a artrite é uma doença que causa dores freqüentemente intensas e pode manifestar-se como artrite reumática (gota) ou osteoartrite. A artrite reumática ataca as juntas, e os sintomas compreendem fraqueza, rigidez e dor; a doença vai pouco a pouco inflamando todas as juntas do corpo. Estudos indicam que a artrite reumática pode representar uma forma de reação do sistema imunológico, que desenvolve anticorpos na região das juntas com vistas a atacar os cristais que ali se depositaram. O mesmo fenômeno explica a bursite, que ataca as bolsas sinoviais.

Já a osteoartrite atinge ossos e juntas, e manifesta-se através de uma rigidez pela manhã (após o período de sono) ou depois de um descanso, provocando uma dor que depois piora quando o corpo está em movimento. Na progressão da doença, os sintomas podem compreender desde inchaço dos ossos até o rompimento das juntas.

Para ambas as formas de artrite, é fundamental o controle do peso (a obesidade é, naturalmente, um fator agravante) e uma dieta rica em elementos nutritivos.

Já há muito tempo, tem-se constatado que o vinagre de maçã desempenha um papel importante para abrandar as dores e diminuir o avanço da artrite. O vinagre não apresenta os efeitos colaterais provocados por substâncias usadas pela medicina convencional – que supostamente deveriam amenizar os sintomas da artrite – e, além disso, tem preço acessível. Embora ainda não se tenha dados mais concretos sobre como o vinagre atua nesse caso, ele é prescrito para aqueles que sofrem da artrite reumática ou da osteoartrite, pois é rico em potássio e boro, componentes que têm eficácia no alívio das dores causadas por essa doença. Aqui está uma receita, válida para ambos os casos de artrite, que certamente atenuará esses males:

- Pela manhã, ao se levantar, e uma hora antes de cada uma das refeições, tome a seguinte receita: duas colheres de sopa de vinagre num copo d'água (se não for diabético(a), misture também uma colher de sopa de mel).

OUTRAS INDICAÇÕES PARA A ARTRITE REUMÁTICA (GOTA):

- Evite produtos animais e laticínios, pois estes favorecem o depósito de cristais nas articulações.
- Evite alimentos refinados e o consumo de doces, café, chá e álcool.
- Inclua cotidianamente na dieta raiz de gengibre, folhas de beterraba, tomate, brócolis, couve, salsa, espinafre, cenoura, maçã, cereja e abacaxi. Também utilize vinagre de maçã fartamente nas saladas.

PARA A OSTEOARTRITE:

- Evite algumas frutas cítricas (especialmente lima, limão, laranja). Se possível, eliminar o consumo de tomate, pimentão, batata e beringela, pois há indícios de

que um alcalóide (*solanun*), nelas presente, impede a reconstituição natural do colágeno das juntas, estimulando a inflamação.
- Elimine o tabaco.
- Evite alimentos refinados e o consumo de doces e álcool.
- Inclua cotidianamente na dieta brócolis, couve, salsa, espinafre, cenoura, maçã, cereja e abacaxi. Utilize vinagre de maçã fartamente nas saladas.

UMA OUTRA RECEITA COM VINAGRE

Há uma outra receita recomendada aos que sofrem de artrite reumática:

INGREDIENTES:

- 1 laranja
- 1 limão
- ½ toranja (*grapefruit*)
- 2 talos de aipo
- 4 copos com água
- 1 colher de sopa de sal de Epsom (sulfato de magnésio)*

Corte o aipo e as frutas (com as cascas em pedaços). Deixe-os cozinhando, lentamente, durante uma hora. Esprema estes alimentos, utilizando uma peneira bem fininha. Depois, acrescente uma colher de sopa de vinagre e uma colher de sopa de sal de Epsom e mexa. Pela manhã, ao se levantar, e à noite, antes de dormir, misture num copo três partes de água e uma parte deste tônico e beba suavemente.

---

* Pode ser encontrado em farmácias de manipulação (N. do E.)

PARA USO TÓPICO

Para atenuar a dor, uma massagem suave com a receita abaixo pode ser benéfica.

- 2 claras de ovo
- ½ copo de terebintina*
- ½ copo de vinagre
- ½ copo de azeite de oliva

Misture todos os ingredientes e use-os imediatamente. Friccione suavemente as articulações doloridas com esta mistura, depois as enxugue com um tecido macio. Pessoas sensíveis podem apresentar irritações na pele por ação da terebintina.

ASMA

A dificuldade de respirar é o sintoma mais evidente da asma, que por vezes vem acompanhado de chiados no peito e espasmos. A diminuição do fôlego também pode provocar tosse e expectoração de catarro, além de pele arroxeada (cianose), causada pela baixa oxigenação do sangue. Pode ser detonada por reação alérgica a algum elemento (a aspiração de produtos químicos, pó, ingestão de alimentos, etc.) ou ter fundo emocional, como pode ser sugerido pelo fato de que situações estressantes freqüentemente conduzem os asmáticos a uma crise. No caso de processos asmáticos originados de alérgenos, a alimentação tem papel especial e por essa razão deve-se buscar uma dieta que, de preferência,

---

* A solução de terebintina pode ser adquirida em farmácias de homeopatia e casas de fitocultura (N. do E.)

elimine todo e qualquer produto de origem animal, bem como álcool, café, chá, chocolate, açúcar e sal. A dieta vegetariana é, portanto, altamente recomendável.

Para abrandar uma crise de asma

Unindo-se os benefícios da acupuntura de pressão (acupressura ou Do-in) aos do vinagre de maçã tem-se um eficaz lenitivo para a crise asmática. Umedeça paninhos ou quadrados de gaze com vinagre de maçã e os prenda, pressionando-os com um elástico, no lado interno de seus pulsos.

Assaduras

Em assaduras e inflamações cutâneas causadas por fungos ou germes, utilize uma solução, em partes iguais de água e vinagre de maçã, aplicando-a diretamente na pele, com um algodão, três vezes ao dia. Este procedimento é válido para eczemas. No caso das lesões atingirem áreas genitais ou se a solução for utilizada na pele de bebês, dilua-a na proporção de 2 partes de água para 1 de vinagre, aplicando-a suavemente na região atingida.

Axilas (odores)

A ação desinfetante e adstringente do vinagre de maçã pode ser usada no caso das pessoas que têm odores fortes nas axilas. Para eliminá-los, basta lavar as axilas e passar um tecido ou pedaço de algodão embebido em vinagre. Esse desodorante natural terá efeito por várias horas.

Azia (veja Má-digestão)

Bexiga, Infecção da

Afecção que ocorre quando a bexiga é invadida por um determinado microorganismo que se multiplica e produz um processo inflamatório. Seus sintomas são a vontade constante de urinar e uma sensação de dor "quente" quando se urina. Uma pequena dose diária de vinagre mantém a acidez de suas vias urinárias, e isso permite diminuir os riscos de infecção não só na bexiga como também nos rins.

- Tome o *Tônico da Vida Longa*, três vezes ao dia, antes de cada uma das refeições.

Cabeça, Dor de (veja Enxaqueca)

Cabelos, Saúde dos

O vinagre de maçã é, comprovadamente, um excelente aliado para a manutenção de cabelos saudáveis e bonitos, contando, para isso, com presença ativa do ácido málico e de enzimas poderosas. Primeiramente porque contribui para equilibrar a relação ácido/alcalina – relacionada à secreção do óleo produzido no couro cabeludo –, normalizando assim as disfunções cabelos oleosos/cabelos secos. O vinagre combate também diversos germes responsáveis por irritações no couro cabeludo, pela formação de camadas que resultam em coceiras e em caspa, e que, no limite, conduzem à obstrução dos poros e à calvície. Sempre que for lavar a cabeça, adote o seguinte procedimento: coloque 3 colheres de sopa de vinagre de maçã num vasilhame e, pouco a pouco, espalhe-o por toda a cabeça, massageando o couro cabeludo, com as pontas dos dedos, em movimentos circulares. Envolva a cabeça numa toalha e deixe entre meia hora e três horas (se o seu cabelo for demasiadamente seco, passe neles um pouco de azeite puro de oliva, antes envolvê-los com a toalha). Depois, lave-os com xampu, de preferência neutro. Após cada lavagem, você pode também enxaguá-los com ½ copo de vinagre de maçã misturado com 2 copos de água morna. Isso vai deixar seus cabelos sedosos e brilhantes.

Cãibras

Poucas coisas são mais desagradáveis do que as cãibras, que em geral surgem traiçoeiramente no meio da noite, afetando mais freqüentemente pés, coxa e batata das pernas. São dores agudas, cortantes, que muitas vezes também atacam músculos do peito e da barriga. Para aqueles que sofrem com cãibras, recomendamos tomar um copo de água com 2 colheres de sopa de vinagre de maçã misturadas com 2 colheres de mel, três vezes ao dia.

Há uma receita alternativa: 1 colher de café de mel, 1 colher de café de vinagre de maçã e 1 colher de sopa de lactato de cálcio (o *cálcio* atua positivamente no combate à cãibra), tudo misturado em um copo de água. Deve ser tomada uma vez por dia. Essa receita também tem se mostrado eficiente para evitar a insônia. Como o potássio também exerce papel destacado na manifestação da saúde dos músculos, é recomendável ampliar a presença, na dieta cotidiana, de alimentos ricos nesse elemento, como a maçã e a banana.

CÁLCULOS RENAIS (PREVENÇÃO)

Na maioria dos casos, atualmente, cálculos renais são removidos sem a necessidade de procedimento cirúrgico; com a utilização de um aparelho que emite ondas, as pedras são reduzidas a fragmentos, posteriormente expelidos através do trato urinário. Não obstante, pode-se evitar esse incômodo com a utilização sistemática do vinagre de maçã, que atua como um solvente dos cálculos em formação, impedindo que eles se tornem um problema. Para isso, tome diariamente o *Tônico da Vida Longa*.

Caso já esteja constatada a presença de pequenos cálculos, siga o seguinte procedimento:

- Evite todo tipo de produto animal (incluindo embutidos), leite e seus derivados, álcool e doces não dietéticos. Evite comidas salgadas.
- Após o café da manhã, o almoço e o jantar, tome 1 copo com 2 partes de água e 1 de vinagre de maçã.
- Siga uma dieta rica em verduras, legumes e frutas (a melancia atua eficazmente na limpeza dos rins e da bexiga). Use vinagre de maçã generosamente nas saladas.
- Beba água em abundância, pelo menos seis copos por dia.

Esse regime, além de contribuir para dissolver cálculos nos rins e na bexiga, ajudará a controlar a acidez da urina e inibirá o desenvolvimento de bactérias.

Calos e asperezas

Deixe os pés de molho numa bacia durante cerca de 30 minutos, numa mistura de 3 partes de água para 1 de vinagre de maçã. Enxugue os pés e friccione as áreas atingidas com uma pedra-pomes. Depois, molhe bandagens no vinagre de maçã puro e envolva firmemente os pés, deixando por toda a noite. Pela manhã, troque as bandagens por outras também embebidas em vinagre, passando o dia com elas (opte, naturalmente, por um sapato mais lasseado). À noite, caso ainda seja necessário, repita o procedimento com a pedra-pomes.

Observação: esse tratamento não é válido para verrugas.

Calvície (veja Cabelos, Saúde dos)

Caspa (veja Cabelos, Saúde dos)

Cistite (veja Bexiga, Infecção da)

Coceiras (consulte também Picadas de insetos)

Para abrandar coceiras e irritações na pele, incluindo aquelas provocadas por picadas de insetos, aplique diretamente, na área atingida, vinagre de maçã com um algodão. Se as coceiras forem perto dos olhos ou em locais sensíveis, dilua o vinagre na proporção de 4 volumes de água para 1 volume de vinagre. Para um tratamento corporal completo, coloque 2 a 3 copos em sua água do banho. Para abrandar coceiras no ânus, umedeça um quadrado de gaze em vinagre de maçã e o aplique suavemente no local.

Uma pasta à base de vinagre de maçã e de amido de milho (maisena) pode, igualmente, servir para abrandar coceiras, urticárias e dermatites atópicas. Aplique esta pasta batendo levemente sobre os locais afetados. A coceira se acalma à medida que a pasta seca.

Colesterol, Alta de

Menos colesterol no organismo reduz os riscos de problemas cardiovasculares, tais como ataques cardíacos e derrame. E o vinagre, ao lado de uma alimentação adequada e exercícios, pode auxiliar bastante no equilíbrio das taxas de colesterol.

Primeiramente, porque contém muitos glicídios complexos e fibras solúveis, que absorvem a água e interagem com o organismo. E o vinagre possui uma importante fibra solúvel: a pectina. Ela não apenas absorve água, mas também retarda a absorção dos alimentos e líquidos pelos intestinos, permanecendo por mais tempo no organismo do que uma fibra insolúvel. Como a pectina percorre lenta e suavemente o aparelho digestivo, ela se aglutina ao colesterol e leva para fora do organismo o colesterol que se prendeu a ela. Desse modo, o HDL (o chamado colesterol bom) sobe e o LDL (ruim) cai, diminuindo a possibilidade de surgir placas que entopem as artérias.

- Tome o *Tônico da Vida Longa*, três vezes ao dia, antes de cada uma das refeições.
- Evite alimentos ricos em gorduras e ácidos transgraxos.

Nesse sentido, devem ser evitados chocolate, leite e seus derivados (manteiga, requeijão, queijos amarelos, etc), ovos e óleos vegetais hidrogenados (e derivados como margarina e maionese). Não coma carnes gordurosas, peles de aves, frios e embutidos em geral (presunto, mortadela, salame, lingüiça, salsicha, etc).

- A alimentação deve ser rica em verduras, legumes e frutas (excetuando-se, aqui, o abacate e o coco). Queijos brancos, como a ricota, assim como leite desnatado, podem ser incluídos na dieta. Use vinagre de maçã generosamente nas saladas.
- Problemas com o colesterol e a circulação estão associados ao sedentarismo. Procure caminhar sempre, pelo menos três vezes por semana, durante cerca de trinta minutos, de preferência no período da tarde.

Congestão nasal (veja Muco)

Coriza (veja Muco)

Enxaqueca

A dor de cabeça crônica, um mal que atinge milhões de pessoas no mundo inteiro, tem origens múltiplas e difusas. Em alguns casos, é uma espécie de alarme de problemas relacionados ao fígado, rins ou ao sistema gastro-intestinal. Pode também estar ligada a sinusites, alergias, resfriados crônicos, ou, ainda, ser fruto de problemas emocionais. Apenas exames clínicos podem identificar as causas. Não obstante, nossa experiência comprova que o uso continuado de vinagre de maçã entre os que sofrem desse mal tem proporcionado o desaparecimento deste sintoma. O *Tônico da Vida Longa* deve ser um companheiro diário.

No caso de uma crise, o procedimento a seguir tem se mostrado eficaz: coloque, num vaporizador 2 colheres de sopa de vinagre de maçã, misturadas com mesma quantidade de água e inale durante 5 minutos. Em seguida, molhe um pano de prato ou toalha pequena com vinagre de maçã. Coloque sobre sua cabeça como se fosse um turbante, prenda-o com um lenço comprido, e deite-se durante pelo menos meia hora.

Espinhas e cravos (veja Acne)

Estômago, Dor de
(consulte também Má-digestão e Úlceras gástricas)

Caso seja um sintoma persistente, é necessário, naturalmente, buscar o auxílio médico para a identificação da causa. No entanto, se for uma dor de estômago ocasional, ela cederá se você tomar 1 colher de sopa de mel e 1 colher de sopa de vinagre de maçã num copo de água morna.

Fadiga crônica

Mal de causas tão múltiplas quanto indefinidas (mas freqüentemente associado ao estresse e à queda imunológica correlacionada, ou, ainda, tendo origem propriamente física, como no caso das anemias) a fadiga crônica tem afetado um número crescente de pessoas. É reconhecido o poder regenerador do potássio e, por essa razão, trata-se de um elemento indicado no combate à fadiga. E o vinagre de maçã (assim como a própria fruta, conforme já assinalamos anteriormente) é extremamente rico em potássio, além de possuir também enzimas e minerais de importância capital para o processo de recuperação do organismo.

- Tome o *Tônico da Vida Longa*, três vezes ao dia, antes de cada uma das refeições.
- Evite refrigerantes, café, chá, tabaco e álcool. Drogas como a nicotina, a cafeína e o álcool oferecem apenas um estímulo temporário, piorando, contudo, o quadro geral.
- Fuja das pílulas estimulantes.
- Inclua cotidianamente na dieta alface, repolho, folhas de nabo, tomate, brócolis, berinjela, couve, salsa, espinafre, cenoura, banana e, principalmente, maçã. Tempere saladas com vinagre de maçã e evite carnes vermelhas.

Ferimentos leves

Pode-se evitar a infecção de cortes pequenos e abrasões (quando as camadas superficiais da pele são raspadas, deixando-a, em parte ou no todo, em carne viva), com uso imediato do vinagre de maçã, que atua também como excelente coagulador, auxiliando na interrupção do sangramento. Molhe um algodão com o vinagre, exercendo pressão, suave mas firme, até que o sangue estanque.

Flatulência

Para a flatulência, use esta receita: 1 colher de sopa de mel e 1 colher de sopa de vinagre de maçã num copo de água morna.

Garganta, Inflamação da

No caso de inflamações da garganta, laringite e faringite, faça gargarejos, de preferência a cada três horas, utilizando a mistura composta de meio copo de água morna e uma colher de sopa de vinagre de maçã. Fique atento para não engolir o líquido após o gargarejo, pois o vinagre de maçã atua como uma "esponja", absorvendo germes e toxinas que acabam sendo expelidas junto com a água. Principalmente nas gripes e resfriados, a boca e a garganta são duramente atacados por todo tipo de germe, pois há uma debilitação de nosso sistema imunológico. Portanto, faça deste procedimento um hábito, pois o gargarejo com vinagre também age eficazmente para a limpeza bucal, constituindo, desse modo, num preventivo para futuras inflamações.

Nas amigdalites com pus o gargarejo com vinagre de maçã deve ser feito de duas em duas horas. Com essa técnica, a membrana de pus que recobre as amígdalas desaparece em cerca de dez horas.

Para atenuar a tosse, faça um xarope com a composição abaixo:

- 4 colheres de sopa de vinagre de maçã
- 3 colheres de sopa de mel
- ½ copo de água (125 ml)

Misture tudo, coloque num vidro e tome uma colher de sopa deste xarope a cada 4 horas. Procure, sempre que possível, expectorar o catarro que se aloja nos brônquios.

A renitente tosse noturna pode ser abrandada se você dormir com a cabeça sobre um pano embebido em vinagre de maçã.

Gases (veja Flatulência)

Gota (veja Artrite)

Gripes
(veja Garganta, Infecção da; Resfriados; Muco)

Hemorróidas

As hemorróidas melhoram tomando-se duas a três vezes ao dia 2 colheres de chá de vinagre de maçã em um copo com água.

Herpes-zoster

Caracterizada pela erupção de vesículas, que acompanham o trajeto de um determinado nervo, o herpes-zoster pode ter seus efeitos (coceira e queimação) atenuados com a aplicação, diretamente nas regiões atingidas, de vinagre de maçã.

Hipertensão arterial

Conhecida também como *pressão alta*, caracteriza-se pelo aumento freqüente ou constante da pressão sangüínea em um padrão igual ou acima de 130 X 85 (erroneamente, mas por puro hábito, médicos e leigos dizem 13 X 8,5).

Tal como a banana, a laranja e a berinjela, o vinagre de maçã é muito rico em potássio e, por isso, pode ser usado sempre que o organismo necessite de mais quantidade desse mineral ou nas doenças que melhoram pelo seu uso.

A hipertensão arterial e as doenças cardíacas são melhoradas com o uso do potássio. Assim sendo, pode ser usado o vinagre de maçã como fonte desse precioso mineral. *Lembre-se sempre que o potássio protege o coração e o sódio (componente do sal) o agride.*

- A hipertensão arterial pode ser combatidas com 1 a 3 colheres de chá de vinagre de maçã em um copo com água. Deve-se tomar esse remédio no meio das refeições e até que se obtenha resultado.
- Evite alimentos ricos em gorduras e ácidos graxos saturados. Nesse sentido, devem ser evitados alimentos que incluem chocolate, leites e seus derivados, margarina e óleos vegetais hidrogenados.
- Evite a carne vermelha: a alimentação deve ser rica em verduras, legumes e frutas. Use o vinagre de maçã generosamente nas saladas.

Impetigo

O impetigo é uma afecção de pele provocada por bactérias (estafilococos ou estreptococos) e muito contagiosa. Para tratá-la aplique várias vezes ao dia vinagre de maçã puro. A cura se dá entre dois e quatro dias.

Impigem

É uma doença de pele provocada por fungos. Aplicar várias vezes ao dia vinagre de maçã puro sobre as lesões.

Intestino preso (veja Prisão de ventre)

Juntas, dores nas (veja Artrite)

Má-digestão (consulte também Úlceras gástricas)

A má-digestão liga-se essencialmente a hábitos pessoais e alimentares equivocados, ocasionando o mau processamento dos alimentos, a sensação desagradável de "queimação", o refluxo estomacal, além de outros sintomas que podem constituir sinais de algo mais grave. Estresse, ansiedade; comer apressadamente, mastigando mal; consumo de alimentos em excesso, gordurosos; efeito colateral de remédios; abuso de álcool, do tabaco e de bebidas à base de cafeína – tudo isso freqüentemente está associado às causas primeiras da azia e da má-digestão.

Indicação:

Com uma alimentação equilibrada, se possível baseada em vegetais (que facilitam o processamento dos alimentos), a má-digestão e a azia podem ser combatidas com um remédio simples: 2 colheres de chá de vinagre de maçã em um copo com água, acompanhando as refeições.

MAGREZA

Como já afirmamos aqui, o vinagre de maçã é rico em enzimas, que ocupam um papel central no processo de absorção dos alimentos. É por essa razão que também é indicado para auxiliar pessoas cronicamente magras, pois elas geralmente apresentam carências de enzimas, em virtude de alguma deficiência de absorção. Em razão disso, o corpo não consegue processar positivamente o alimento, não fazendo dele uma reserva de energia, mesmo no caso de alimentos mais ricos em gordura. Seguem aqui algumas indicações:

- Acrescente à receita do *Tônico da Vida Longa* (1 copo de água destilada, 1 colher de sopa de mel, 1 colher de sopa de vinagre de maçã) duas gotas de solução de *Lugol* (veja pág. 31). Tome pela manhã, em jejum.
- Lembre-se que o alimento é a energia do corpo. É necessário, portanto, efetuar as três refeições diárias, comendo pausadamente, fruindo cada pequena porção ingerida. Para pessoas magras é importante a recomendação de buscar uma alimentação saudável, baseada em vegetais. Vale, porém, destacar o abacate: além de ser rico em potássio – nesse sentido, de braços dados com a miraculosa maçã! – , o abacate compreende gordura insaturada, que não faz mal à saúde e contribui para o aumento de peso. Mas se o abacate é um "astro" de nossa constelação, não podemos esquecer também desses outros coadjuvantes: pêra, maçã, banana, cenoura, tomate, repolho, brócolis, rabanete, tomate, alface.

- Se for fumante, pare imediatamente. Diversos venenos que compõem o tabaco (além da nicotina, o alcatrão e o enxofre, entre diversos outros) bloqueiam a absorção das enzimas que processam os alimentos, sem contar que também diminuem nossa percepção do paladar.

Manchas senis

As manchas devidas à velhice (manchas senis) podem desaparecer se, todo dia, você esfregá-las com suco de cebola e vinagre de maçã. Misture 1 colher de café de suco de cebola e 2 colheres de café de vinagre e aplique com um tecido macio. Ou então, mergulhe a metade de uma cebola em uma pequena tigela de vinagre, depois esfregue-a sobre a pele. Algumas semanas mais tarde, as manchas começarão a desaparecer.

Memória, Melhoria da

Diversas causas estão associadas à perda da memória, entre as quais o estresse (que pode provocar bloqueios temporários desta função), abuso de álcool, má nutrição, reação a medicamentos, derrames cerebrais e infartos múltiplos, além do Mal de Alzheimer (veja pág. 56).

A alimentação desempenha um papel importante para controlar os riscos de perda de memória e para reparar os desgastes já produzidos. Como já ressaltamos em outra passagem deste livro, uma boa nutrição controla as taxas de colesterol, diminuindo a possibilidade de um ataque cardíaco. Uma vida equilibrada, sem abusos alimentares e, principalmente, sem o abuso de álcool e outras drogas, também protege o cérebro contra algumas das piores causas dos problemas mentais. A demência causada pelo abuso de álcool pode retroagir com a abstenção da droga.

Estudos mostram que carências nutricionais estão intimamente relacionadas aos problemas funcionais do cérebro. Esses mesmos estudos relatam que a perda de memória é mais freqüente nos pacientes que possuem taxas sangüíneas de vitamina B-12 e de ácido fólico mais baixas do que o normal. Nesse sentido, junto com uma dieta equilibrada, o vinagre de maçã pode fornecer os elementos necessários para se fortalecer a função da memória. Recomenda-se, portanto, o *Tônico da Vida Longa*, que agirá como um preventivo para esse mal.

Menstruação excessiva

A menstruação excessiva pode ser atenuada tomando-se duas a três vezes ao dia 2 colheres de chá de vinagre de maçã em um copo com água. O vinagre de maçã restabelece o fluxo normal da menstruação e contribui para a formação de glóbulos vermelhos no sangue.

Muco

A inflamação da mucosa do nariz, com a conseqüente congestão nasal que acompanha principalmente gripes e resfriados, gera a produção de secreção viscosa característica que apresenta conseqüências danosas para o corpo, entre as quais enxaquecas, sinusites, inflamações na garganta, nos brônquios, pneumonia, diarréias e outros distúrbios. Um autêntico "caldo de germes e bactérias", esta secreção deve ser expelida sempre que possível, caso contrário acaba se alojando nas paredes dos órgãos e nas juntas, mesmo depois de passada a inflamação nasal.

- Tome um copo de água destilada com 1 a 2 colheres de vinagre de maçã e 1 a 2 colheres de mel, ao se levantar, no meio da manhã e no meio da tarde.

Músculos doloridos

Para atenuar dores nos músculos e nas juntas (consulte também *Artrite*), uma indicação é envolver a região dolorida com um tecido embebido em vinagre de maçã e torcido. Conserve-o por três a cinco minutos e repita a operação se necessário.

Náusea e vômito

Livre-se do mal-estar causado pela náusea ou por vômitos colocando sobre seu estômago um pano embebido em vinagre de maçã morno. Torça o pano antes de usá-lo e, uma vez frio, substitua-o por um outro pano morno.

OBESIDADE

"É preciso comeres para viver, e não viveres para comer", escreveu Cícero, o grande orador romano, há mais de dois mil anos. Se no passado a obesidade era vista apenas como resultado da gula, hoje sabemos que ela tem origens múltiplas, envolvendo desde o "comer demais" (mas, sobretudo, o "comer erradamente") até causas genéticas. A obesidade tornou-se caso de saúde pública, e em suas características contemporâneas é conseqüência quase direta do estilo de vida da sociedade industrial, onde predomina a alimentação com produtos processados, em geral pobres em fibras e ricos em gorduras. O sedentarismo, aliado ao estresse e à competitividade exacerbada, é outra marca típica da cultura da posse que impera em nossos dias.

Sendo a obesidade uma doença tornada epidêmica pelo estilo de vida predominante, mais do que reaprender (ou aprender) a comer, é necessário reaprender a viver. Considere-se também que existe uma perigosa e próxima relação entre excesso de peso e vários tipos de câncer, notadamente os de mama, útero, rim, esôfago, estômago e intestinos.

As sugestões abaixo apontam para a direção de uma mudança no padrão de alimentação. Nossa prática tem comprovado a eficiência do vinagre de maçã no tratamento. A proposta de jejuar com sucos (veja pág. 39) também não deve ser descartada por quem decidir combater sua obesidade. Trata-se de uma decisão que dever ser tomada, primeiramente, no mais íntimo do ser; somente assim, a prática poderá se tornar eficaz.

- Tome, antes das refeições, um copo de água destilada com uma colher de sopa de vinagre de maçã.
- Siga um regime alimentar baseado em frutas, legumes, verduras e grãos integrais. Evite alimentos industrializados.
- Elimine a carne vermelha da dieta, trocando-a, se necessário, por peixes e aves.
- Elimine as bebidas alcoólicas e o tabaco.
- Limite o consumo de doces em geral.
- Faça cotidianamente uma atividade física.

Osteoporose (prevenção)

A osteoporose é a perda gradual de massa nos ossos, com o esgarçamento dos tecidos do osso e surgimento de pequenos buracos (poros) Esta condição pode resultar num aumento de fraturas, dores nos quadris e nas costas e encurvamento da espinha. À medida que a osteoporose progride, a espessura e a densidade dos ossos diminui. Como resultado disso os ossos ficam porosos e frágeis e se quebram facilmente. É um problema grave que causa deformidade, dor e doenças decorrentes.

Os ossos são tecidos vivos. Eles são constantemente reconstruídos e substituídos, conforme já dissemos anteriormente. Se os músculos, o sangue ou os nervos tiverem carência de cálcio, o organismo vai buscá-lo nos ossos. Começa ocorrer uma perda de cálcio nos ossos, que poderá contribuir também para a osteoporose.

- Tome o *Tônico da Vida Longa*, três vezes ao dia, antes de cada uma das refeições.

- Pesquisas comprovaram que o consumo intenso de carne vermelha contribui para a intensificação da osteoporose. Diminua a quantidade de carne para, por exemplo, duas vezes por semana, ou (se possível) elimine-a de sua dieta.
- Como o sal aumenta a perda de cálcio, o melhor é reduzi-lo drasticamente no tempero da comida e, se possível, eliminá-lo.
- Evite refrigerantes, café, chá e álcool. O fosfato (presente em grande parte dos refrigerantes), a cafeína e o álcool podem favorecer o aumento da doença.
- O tabaco perturba a absorção do cálcio. Pare de fumar.
- Inclua cotidianamente na dieta alface, repolho, folhas de nabo, tomate, brócolis, couve, salsa, espinafre, cenoura, maçã, amora preta e uva rosada.

Ouvido, Inflamação do

No caso de inflamações leves no ouvido, ou quando, após o banho de chuveiro ou de piscina, senti-lo obstruído, proceda da seguinte forma: dilua uma pequena quantidade de vinagre de maçã (por exemplo, uma colher de café) em igual quantidade de água e insira suavemente – com o auxílio de um conta-gotas ou de uma seringa – dentro do canal auricular. Persistindo a inflamação, ou na presença de dor, consulte um otorrinolaringologista.

Pé-de-atleta (consulte também Calos e asperezas)

Caso tenha pé-de-atleta ou seus pés coçam e descascam com freqüência, mergulhe-os numa solução composta de 50% de vinagre de maçã e 50% de água morna duas vezes ao dia. Também deixe suas meias de molho em água com vinagre. Misture 1 volume de vinagre em 5 volumes de água e as deixe de molho durante meia hora antes de lavá-las como de hábito.

Pés cansados

A melhor maneira de refrescar e abrandar pés cansados e doloridos é caminhar 5 minutos ao levantar e 5 minutos ao deitar, em uma banheira com água até a altura dos tornozelos, na qual você terá misturado meio copo de vinagre de maçã.

Pernas, Dor nas (consulte também Varizes)

Alivie as dores nas pernas envolvendo o local afetado com um pano limpo impregnado de vinagre de maçã. Quando a bandagem começar a secar, torne a molhá-la com o vinagre.

Picadas de insetos

Tradicionalmente o vinagre sempre foi o remédio escolhido para o tratamento de todo tipo de picadas e mordidas. As coceiras ocasionadas por picadas de mosquitos, bem como as dores produzidas pelo veneno de abelha, de vespa, de medusa e de muitos outros animais podem ser aliviadas passando-se vinagre puro imediatamente no local. Outra opção é molhar um pano com o vinagre e manter uma compressa na área atingida por alguns minutos.

Prisão de ventre

Caracterizada pela dificuldade de evacuar regularmente, a obstipação intestinal (também chamada de "prisão de ventre" e "intestino preso") pode ter diversas causas, desde uma predisposição genética até a alimentação equivocada e o estresse. Seja qual for a origem, a mudança de dieta é fundamental, razão pela qual fazemos algumas indicações abaixo. Vale observar que, embora a ingestão de maçã deva ser evitada – pois ela se inclui entre os alimentos que "prendem" o intestino – o uso periódico do vinagre de maçã comprovou sua eficiência, em virtude da ação de outros elementos oriundos da acetólise.

- Tome, após as refeições, 1 colher de sopa de vinagre de maçã num copo de água morna.
- Beba água (sem gás) em abundância, no mínimo dois litros por dia.
- Com exceção de maçã, goiaba, jabuticaba e limão (que inibem a evacuação), coma muitas frutas, de preferência de plantio orgânico, ingerindo o bagaço/casca. Entre as frutas mais laxativas estão a laranja, ameixa, uva, mamão, pêra e abacaxi. A título de exemplo, você poderá tomar, no café da manhã, um copo de suco de laranja ou uma vitamina de laranja com mamão, ou comer mamão papaia com granola. Outra receita é dei-

xar desde o dia anterior algumas ameixas imersas num copo d'água, bebendo-o de manhã.

- No almoço e no jantar, coma muitas saladas cruas (temperadas com vinagre de maçã) e verduras cozidas, pois são alimentos ricos em fibras.
- Não ingira chá preto e evite produtos que irritam a mucosa intestinal, tais como bebidas alcoólicas e condimentos fortes (pimentas em geral, molho inglês, mostarda, etc).
- Como o nosso organismo deve funcionar dentro de uma regularidade, procure criar um hábito intestinal. Programe-se para ir ao banheiro num horário específico, preferencialmente em torno de 20 minutos após uma determinada refeição, período em que ocorre uma reação gastro-retal propícia à evacuação. Ficar de cócoras também constitui um bom exercício para estimular o funcionamento dos intestinos.

Próstata, Inflamação da (prevenção)

Para prevenir inflamações da próstata, prepare a seguinte mistura: bata num liquidificador ½ copo de vinagre de maçã, ½ copo de azeite de oliva puro, 1 colher de café de canela e 1 colher de sopa de sementes de abóbora. Tome diariamente uma colher de sobremesa dessa mistura, utilizando-a também para temperar saladas. Além das virtudes antiinflamatórias do vinagre de maçã, este concentrado é também rico em zinco, que tem papel reconhecidamente curativo nos casos de problemas de próstata. Uma dieta equilibrada, livre de toxinas animais, também é essencial para a prevenção.

Queimadura de sol / rachaduras na pele

Para proteger a pele contra os danos do sol excessivo aplica-se sobre ela uma mistura em partes iguais de azeite de oliva e vinagre de maçã. Esta mistura evita a insolação e as rachaduras na pele.

Caso ocorra queimadura após a exposição ao sol, tome um banho de imersão com água morna e um copo de vinagre de maçã. Toda vez que necessitar de um banho quente para atenuar seus males, acrescente um pouquinho de vinagre e a água parecerá menos quente.

Um dos motivos pelos quais o vinagre é tão salutar no tratamento das afecções da pele é que o seu pH é quase o mesmo que o de uma pele saudável. Sendo assim, uma aplicação de vinagre ajuda a regularizar o pH da superfície da pele.

Resfriados

Eis aqui uma receita caseira para combater gripes e resfriados, que vem sendo usada há gerações e gerações, sempre com bons resultados. Corte um quadrado de papel de 20 cm e deixe-o de molho em vinagre de maçã. Quando o papel estiver bem molhado, polvilhe-o com pimenta do reino e o mantenha (com a ajuda de um tecido ou fixando-o com esparadrapo) sobre o peito, com o lado da pimenta virado para a pele. Passados 20 minutos, tire o papel e lave o peito, tomando cuidado para não se resfriar. Para os demais sintomas de gripes e resfriados siga os procedimentos indicados nos verbetes *Enxaqueca* e *Garganta, Inflamação de*.

REJUVENESCIMENTO FACIAL

Nossa pele é formada por camadas microscópicas que constantemente sofrem escamações, num processo que substitui as camadas mais antigas por outras, renovadas. Quando não há substituição regular das peles velhas e mortas – por envelhecimento, quando todo o nosso metabolismo torna-se mais lento, ou em virtude de causas orgânicas, ou ainda por predisposição genética –, nossa pele ganha, assim, um aspecto envelhecido, sem vida.

No entanto, podemos, com um tratamento bastante simples, ajudar o corpo a realizar esse processo. Siga o tratamento a seguir pelo menos uma vez por semana e os resultados não tardarão a aparecer:

- Lave o rosto com água morna, sem usar nenhum sabonete.
- Em seguida, molhe diversas gazes em água quente, torça e as aplique em toda a pele. Deixe por cerca de três minutos e as remova.
- Utilizando as mesmas gazes, mergulhe-as numa solução composta de 1 parte de vinagre de maçã para 3 de água e as aplique no rosto. Deixe já preparada uma toalha molhada em água quente e torcida e a aplique em cima das gazes (envolvendo toda a face). Fique deitado(a), mantendo as pernas apoiadas numa parte

mais alta – para aumentar a circulação de sangue no rosto – durante cerca de 15 minutos.

- Retire a toalha e as gazes e, utilizando uma toalha seca e um pouco áspera, friccione a pele para remover as camadas de peles mortas que foram "descoladas" pela ação do vinagre de maçã.

Esta é uma eficiente e barata máscara facial, que é indicada também para quem tem pele oleosa.

No caso de pele seca, utilize a mesma pasta à base de vinagre de maçã e de amido de milho (maisena) usada para abrandar coceiras, urticárias e dermatites atópicas, conforme indicamos na pág. 67. Duas vezes por semana, aplique esta pasta massageando levemente a face. O pH de sua pele também se normalizará.

Sangramentos nasais

Há três procedimentos a serem seguidos. Para que o sangramento se estanque imediatamente, molhe 2 pedaços de algodão em vinagre de maçã e os coloque, suavemente, dentro das narinas, permanecendo sentado(a), com a cabeça virada para atrás. Fique assim, respirando pela boca, por pelo menos dez minutos, repetindo o procedimento, caso o sangramento não tenha sido interrompido. Para quem tem tendência ao sangramento nasal, um bom preventivo é tomar em um copo d'água com duas colheres de chá de vinagre de maçã, duas a três vezes ao dia. Como os sangramentos nasais são muitas vezes causados por desidratação, é conveniente também beber muita água, de preferência pelo menos seis copos por dia.

Soluço

O soluço desaparecerá se você beber bem lentamente um copo de água morna contendo 1 colher de sobremesa de vinagre de maçã.

Torcicolos (veja Músculos doloridos)

Tosse (veja Garganta, Inflamação na)

Toxinas, eliminando

Hábitos alimentares inadequados, muitas vezes acompanhados da ingestão freqüente de substâncias tóxicas, como o álcool, acabam conduzindo a uma situação de saturação da capacidade do corpo de eliminar as impurezas. Nossos órgãos encarregados deste trabalho – fígado, intestinos, rins, entre outros – não conseguem dar conta deste bombardeio constante de impurezas. E, assim, elas acabam permanecendo em nosso corpo e se alojando em juntas e órgãos, iniciando um processo perigosamente degenerativo.

Antes de tudo, é necessário que a pessoa tome consciência

do mal que está fazendo a si própria, promovendo mudanças no estilo de vida. Após essa decisão, uma dieta baseada em frutas e legumes, junto com o tônico abaixo descrito, garante um corpo mais limpo e saudável. Aqui está a receita:

- Tome diariamente, junto com as refeições principais, um copo de suco de tomate ou de cenoura orgânicos, com uma colher de sopa de vinagre de maçã. Misture um pouco de água destilada caso sinta o suco muito ácido. Três dias da semana tome o de tomate, os outros três o de cenoura, reservando um dia para se abster de alimentos sólidos, tomando apenas sucos de frutas, verduras e legumes (veja instruções na pág. 39). Prática constante em todas as religiões do mundo, o jejum – além de seu papel espiritual – tem papel determinante no processo de limpeza do corpo. Siga essa dieta durante um mês, retornando a ela sempre que necessário.

Úlceras gástricas
(causadas pelo consumo de álcool)

Recentes pesquisas científicas indicam que o vinagre pode impedir úlceras gástricas causadas pelo álcool. Estudos realizados no Japão mostraram que o vinagre, ao ser ingerido, obriga o estômago a secretar um suco gástrico natural e protetor. Esta defesa natural parece proteger o estômago contra os efeitos nocivos do álcool. Incorporar o consumo cotidiano do vinagre (e não abusar de bebidas alcoólicas) é um caminho para evitar a inconveniência das úlceras gástricas.

Tome o *Tônico da Vida Longa*, três vezes ao dia, antes de cada uma das refeições.

- Elimine refrigerantes, café, chá, tabaco e, principalmente, álcool. São todos componentes irritantes da mucosa estomacal.
- Evite carnes vermelhas.
- Alimente-se, principalmente, de verduras, legumes e frutas. Use vinagre de maçã generosamente nas saladas.

VARIZES

A dilatação inflamatória das veias, tornando-as varicosas, é uma afecção marcada por dores e sensação de peso. Para aliviá-la, molhe um tecido em vinagre de maçã, torça-o, e o enrole ao redor das pernas. Mantenha as pernas erguidas, com a compressa de vinagre, durante meia hora pela manhã e à noite. A desinflamação e o alívio ocorrerá em até 6 semanas. Para acelerar a cura, após cada sessão, beba lentamente um copo de água morna contendo 1 colher de sopa de vinagre de maçã. Caso queira, poderá acrescentar também 1 colher de sopa de mel.

A FABRICAÇÃO DO VINAGRE

A fabricação do vinagre de maçã ficou quase inalterada ao longo dos milênios. Faz-se primeiramente, o suco de maçã de uma safra especialmente selecionada. As maçãs, frescas e inteiras, são lavadas, cortadas e espremidas.

Após obtido o suco de maçã, ele é colocado em um recipiente hermético para envelhecer. Os açúcares naturais fermentam e produzem o álcool. Assim é obtida a sidra (não confundir com a fruta cítrica "cidra"), que é deixada fermentar uma segunda vez, mas desta vez ao ar livre. O álcool se transforma em ácido por ação da bactéria *Acetobacter aceti* existente no ar.

Originalmente, o vinagre comercial era um produto derivado da produção do vinho e da cerveja. A produção independente do vinagre data aproximadamente do século 17. Ela começou inicialmente na França, mas logo se propagou por outros países.

O vinagre pode ser feito a partir de qualquer líquido açucarado, desde que contenha açúcar suficiente. O suco de maçã é um dos líquidos mais antigos utilizados para fazer o vinagre. Entretanto, há milhares de anos atrás, a uva e a tâmara também eram empregadas. O vinagre também pode ser proveniente de outras fontes populares, tais como: melado, melão, coco, mel, batata, beterraba, cereais, banana e até mesmo leite.

O vinagre de vinho e o vinagre de sidra (vinho de maçã) possuem inúmeras propriedades nutricionais. Afinal, frutos naturalmente amadurecidos, cheios de vitaminas e minerais estão na origem de cada um desses vinagres.

BIBLIOGRAFIA

Chevrier, Yolande. *Le Vinaigre – Remèdes, Conseils et trucs*, Quebecor

Clerque, A. *Secrets du Vinaigre*, Pierre De Lune

Helmiss, Margot. *Natural Healing with Cider Vinegar*, Sterling Publications

Kullenberg, Bernard. *Vinaigre de Cidre*, Vigot

Lavedrine, Anne. *Les Vertus du Vinaigre*, Le Livre de Poche

Lebonhaume, Charles. *La Magie du Vinaigre*, Trajectoire

Muller, B. *Le Vinaigre Santé*, Jouvence – Trois Fontaines

Oberbeil, Klaus, *Lose Weight with Apple Vinegar*, The Magni Group, Inc

Orey, Cal. *The Healing Power of Vinegar*, Kenington Publishing

Impressão e Acabamento:
Gráfica e Editora Alaúde ltda.
R. Santo Irineu, 170 – SP – Fone: (11) 5575-4378